改訂 3 版に当たって

多くの読者の皆さまに支えられ、このたび、改訂3版を発刊することができました。皆さまに深く感謝いたします。

クラウドは進化が早いのが特徴です。画面周りやサービスは、どんどん変わっていきます。改訂3版では、2019年12月時点での内容に一新しました。改訂3版における主な変更点は、以下の通りです。

・「Amazon Linux」から「Amazon Linux 2」に変わった
　Amazon Linux 2 は RHEL 7 ベースになっており、Linux サービスの起動や停止、自動起動の設定方法が大きく変わっています。その手順についての記載を修正しました。

・MySQL から MariaDB に
　Amazon Linux 2 にパッケージとして含まれるデータベースが、MySQL から MariaDB に変わりました。インストール方法が変わるので、その手順についての記載を修正しました。

・WordPress が要求する PHP バージョン
　WordPress の最新版では、PHP 5.6.20 以降を要するようになりました。Amazon Linux 2 のパッケージに含まれる PHP は、この要件を満たさないため、PHP のバージョンアップをする手順を追加で記載しました。

初版から6年が経過したいま、AWS をはじめとするクラウドは、インフラとして、なくてはならないものとなりました。
こうした時代において、本書のようなネットワークやインフラを知るための書籍が、引き続き、皆さまのお役に立てば幸いです。今後とも、末永いご支援のほど、よろしくお願いいたします。

2020 年 1 月
大澤　文孝

改訂版に当たって

前著から早3年。多くの読者の皆さまに支えられ、このたび、改訂版発刊の運びとなりました。皆さまに感謝し、厚く御礼申し上げます。

AWSはクラウドサービスであり、その進化のスピードが早いのが特徴です。機能強化もさることながら、次々と新しいサービスが追加されています。本著において話題の中心となるVPCとEC2周りも、前著の頃に比べて、大きく機能が強化されました。本改訂版は、そうした状況を鑑み、全体の流れはそのままに、画面や操作方法の変更、機能強化、仕様変更などを反映することで、執筆時点において最新となるよう努めたものです。

今回の改訂において、大きな変更点として挙げられるのが、第7章で解説しているNAT周りの話題です。プライベートなネットワークをインターネットに接続する方法として、前著では、「NATインスタンス」を使っていました。NATインスタンスは、「NAT向けに構成したOSをインストールしたEC2インスタンス」です。そのため処理能力は、EC2インスタンスのスペックに依存するものでした。それに対して新たに登場した「NATゲートウェイ」は、NAT機能を提供するマネージドなサービスです。負荷に応じて自動的にスケールするため、高い負荷がかかる環境でも利用しやすくなりました。またNATゲートウェイに比べて初期設定が少なく、都度、必要なときに起動するのも容易です。今後は、NATゲートウェイの利用が主流になることから、改訂版における第7章は、NATインスタンスではなく、NATゲートウェイを利用するように修正しました。

AWS以外のトピックとして、近年のWebサイトはHTTPS化が進み、HTTPで接続できるサイトが少なくなったことも挙げなければなりません。本書では、telnetなどのコマンドを用いて、実際にHTTP通信する例を示していますが、いくつかのWebサイトは、HTTPで接続されたとき、HTTPSにリダイレクトするように挙動が変わりました。それに伴い、改訂版では、例示する接続先サイトを変更しましたが、そのサイトも、しばらくするとHTTPSサイトに変わってしまうかもしれません。その場合は、ほかの適当なサイトに接続するよう、適時、置き換えていただけば幸いです。

今回の改訂で「掲載画面」と「実際の画面」の差異が解消され、より習得しやすくなったはずです。この差異は、またしばらくすると少しずつ大きくなってしまいますが、その頃に、また改訂できれば幸いです。今後とも、末永いご支援のほど、よろしくお願いいたします。

2017年3月
大澤 文孝

初版「はじめに」

本書の対象読者は、インフラにあまり詳しくない方であり、本書は「自分でネットワークやサーバーを構築できるようになる」ことを目指して作った書籍です。何か新しいものを学習するときには、インプットだけでなくアウトプットを行う、つまり実際にやってみることで学習効果が高められることは皆様も実体験として感じていられると思います。クラウドは学習教材としては最適で、学んだことを実際にすぐに試してみることができます。個人であっても、サーバーやネットワーク機材やデータベースを購入しなくても、すぐにそのようなリソースを作成したり編集したり削除したりできるのです。

本書は、アマゾン ウェブ サービス（以下、AWS）を用いて気軽に実地検証しながら、ネットワークやサーバー構築技術を学ぶ、というコンセプトを掲げた初めての試みであったため、解説内容などに厳密性を欠いているところもあるかもしれませんが、ご容赦いただけますと幸いです。本書の流れは、chapter ごとに少しずつ、インフラの知識を学びながら、実際に AWS を使ってその構成要素を組み立てていく、という構成です。実際に触って構築し、何を作ったのか改めて図や文章で確認して理解を深めていただけると良いと思います。分からないことがあったらインターネットで調べてみましょう。AWS 関連のブログや記事もたくさん出ていますので先人の知恵を借りることもできるでしょう。最近の優秀なエンジニアは、すぐに試す能力が高いだけでなく、それを周りに広めていく能力も高いと感じています。読者の皆様が試したらブログなどでぜひその軌跡を残していただけると良いと思います。

2006 年からクラウドサービスを提供している AWS は進化を続けており、仮想サーバー、ストレージ、ロードバランサー、データベース、分散キュー、NoSQL サービスなど多種にわたるインフラストラクチャーサービスを、初期費用の無い安価な従量課金モデルで提供しています。日本にも 2011 年 3 月に、東京リージョンと呼ばれる AWS のデータセンター群が開設され、既に 2 万以上のアカウントが、AWS を活用してシステム作りをしています。本書が AWS を学んでみたい、クラウドのスキルを身に付けたい、インフラを理解したい、という方のお手伝いができれば非常にうれしく思います。

初めて触ったときの、これすごいな、楽しいな、という感覚。そういうワクワクする感覚は、大人になるにつれて味わえる機会が減ってきますが、本書を通じて、学ぶ喜び、作る喜びを少しでも多くの人に体感いただければと思います。自分でネットワークを構築し、サーバーを立て、Web サーバーにして、サーバー同士で疎通確認すると、楽しくて仕方がない、そんな読者がたくさん出てくると著者らにとってそれ以上の喜びはありません。

2014 年 6 月
玉川 憲、片山 暁雄、今井 雄太

Contents

CHAPTER 1　システム構築をインフラから始めるには ·················· p.8

1-1 開発者がネットワークやサーバーを構築するメリット ················· p.8

1-2 ネットワークやサーバーを構築する ································ p.10
■サーバーの構成　■ネットワークの構成　■問題を解決する、さまざまなツール

1-3 WordPress でブログシステムを作る ···························· p.14
■「公開されたネットワーク」と「隠されたネットワーク」
■片方向からの接続だけを許す NAT

1-4 物理的なネットワークと AWS ································ p.15
■「リージョン」と「アベイラビリティーゾーン」
■「ネットワーク」と「Amazon VPC」
■「サーバー」と「Amazon EC2 インスタンス」

1-5 本書の流れ ·· p.18

CHAPTER 2　ネットワークを構築する ···························· p.22

2-1 ネットワークで用いる IP アドレス範囲を定める ·················· p.22
■「パブリック IP アドレス」と「プライベート IP アドレス」
■IP アドレス範囲と表記方法　■本書でのネットワーク構成

Column IP アドレスの割り振りと再配布

2-2 実験用の VPC を作成する ···································· p.29

2-3 VPC をサブネットに分割する ································· p.31
■サブネットの考え方　■VPC 領域をサブネットに分割する
■パブリックサブネットを作る

2-4 インターネット回線とルーティング ···························· p.36
■インターネットに接続するための回線を引き込む　■ルーティング情報
■Amazon VPC でルートテーブルを設定する

2-5 まとめ ·· p.47

CHAPTER 3　サーバーを構築する ································ p.48

3-1 仮想サーバーを構築する ······································ p.48
■インスタンスを作成する　■インスタンスの確認

Column SSH の接続元の設定

Column インスタンスの停止と再開、破棄

Column Amazon Linux

3-2 SSH で接続する p.61
 ■パブリック IP アドレスを確認する　■SSH で接続する

Column 鍵ファイルのパーミッション

Column パブリック IP アドレスを固定化する

3-3 IP アドレスとポート番号 p.69
 ■パケットを相手に届けるためのルーティングプロトコル
 ■サーバー側のサービスとポート番号の関係

3-4 ファイアウォールで接続制限する p.77
 ■パケットフィルタリング　■インスタンスのセキュリティグループ

3-5 まとめ p.80

CHAPTER 4　Web サーバーソフトをインストールする p.82

4-1 Apache HTTP Server のインストール p.82
 ■サーバーに Apache をインストールする　■Apache のプロセスを確認する

4-2 ファイアウォールを設定する p.87
 ■ Web サーバーに接続する　■ファイアウォールを構成する

4-3 ドメイン名と名前解決 p.91
 ■ドメイン名の構造　■DNS による名前解決　■DNS サーバーを構成する
 ■ nslookup コマンドで DNS サーバーの動きを見る

Column Route53 サービスを用いて独自ドメイン名で運用する

4-4 まとめ p.103

CHAPTER 5　HTTP の動きを確認する p.106

5-1 HTTP とは p.106
 ■リクエストとレスポンスの書式

5-2 ブラウザの開発者ツールで HTTP のやりとりをのぞいてみる p.108
 ■ネットワーク通信を見る　■HTTP のやりとりをのぞいてみる
 ■リクエストとレスポンスの詳細

Column HTTP から HTTPS へのリダイレクト

5-3 Telnet を使って HTTP をしゃべってみる p.116

5-4 まとめ p.122

Column 今度は HTTP サーバーの気持ちになってみる

Contents

CHAPTER 6 プライベートサブネットを構築する ················· p.130

6-1 プライベートサブネットの利点 ······························· p.130

6-2 プライベートサブネットを作る ····························· p.132
■アベイラビリティーゾーンを確認する　■プライベートサブネットを作る
■ルートテーブルを確認する

6-3 プライベートサブネットにサーバーを構築する ·············· p.135
■サーバーを構築する
■ ping コマンドで疎通確認できるようにする

6-4 踏み台サーバーを経由して SSH で接続する ················· p.146
■秘密鍵をアップロードする
■ Web サーバーから SSH で接続する

6-5 まとめ ··· p.149

CHAPTER 7 NAT を構築する ································· p.152

7-1 NAT の用途と必要性 ······································· p.152
■ NAT の仕組み　■ NAT インスタンスと NAT ゲートウエイ
■パブリックサブネットとプライベートサブネットを NAT ゲートウエイで接続する

Column 家庭内でのインターネット接続

7-2 NAT ゲートウエイを構築する ······························· p.158
■ NAT ゲートウエイを起動する　■ルートテーブルを更新する

7-3 NAT ゲートウエイを通じた疎通確認をする ················· p.162
■ curl コマンドで確認する

Column NAT ゲートウエイの削除

7-4 まとめ ··· p.165

CHAPTER 8 DB を用いたブログシステムの構築 ············· p.166

8-1 この章の内容 ··· p.166

8-2 DB サーバーに MariaDB をインストールする ·············· p.168
■ MariaDB のインストール　■ MariaDB の起動と初期設定
■ WordPress 用のデータベースを作成する　■自動起動するように構成する

8-3 Web サーバーに WordPress をインストールする ············ p.171
■ PHP の最新版をインストールする
■ PHP や MariaDB のライブラリのインストール　■ WordPress のダウンロード
■展開とインストール

6

8-4 WordPress を設定する　……………………………………… p.173
■ Apache の起動
■ WordPress を初期設定する

8-5 まとめ　……………………………………………………… p.177

CHAPTER 9　TCP/IP による通信の仕組みを理解する ……………… p.180

9-1 TCP/IP とは　………………………………………………… p.180
■ TCP/IP モデル　■ データのカプセル化　■ Ethernet と TCP/IP の関係

9-2 UDP と TCP　………………………………………………… p.188
■ UDP でのデータ通信　■ TCP でのデータ通信

Column 相手からの着信を受け入れない設定

9-3 まとめ　……………………………………………………… p.193

Appendix A　パケットキャプチャで通信をのぞいてみる ………… p.194

A-1 Wireshark でパケットキャプチャする　…………………… p.194
■ パケットキャプチャを始める

A-2 UDP と TCP のパケットを見る　…………………………… p.195
■ UDP のデータを見る　■ HTTP のデータを見る

Appendix B　ネットワークの管理・運用とトラブルシューティング p.200

B-1 なぜネットワークを管理するのか　………………………… p.200

B-2 ネットワーク構成を把握する　……………………………… p.200
■ ドキュメントと構成情報を一致させる工夫
■ AWS なら設定ファイルからネットワーク構成やサーバー構成を作れる

B-3 ネットワークの状態を把握する　…………………………… p.204
■ ping を使った疎通確認　■ traceroute コマンドでの経路確認
■ ポート番号を指定した TCP 到達性の確認
■ nslookup コマンドや dig コマンドで名前解決を確認する

B-4 ケーススタディ：ウェブサイトに接続できないとき　…………… p.209

B-5 ネットワークを運用するための便利なツール…………………… p.210
■ Zabbix　■ New Relic　■ CloudWatch

B-6 まとめ　……………………………………………………… p.212

本書に記述しているテクニックは、出版社および筆者らが品質などを保証するものではありません。
本書に記載してある会社名および製品名は各社の商標および登録名です。また、本書では、©、®、
™ などは省略しています。本書で使用している画面は 2019 年 12 月時点のものです。

CHAPTER1 システム構築をインフラから始めるには

CHAPTER1
システム構築をインフラから始めるには

アプリケーション開発者にとって、ネットワークやサーバーなどのインフラを知ることは重要です。インフラを知れば、自分で好きなように開発環境を整えられるようになります。また、課題が生じたときに、アプリケーション開発の枠組みから出て、システム全体で対応できるようになるのも大きなメリットです。たとえばリソース不足になったときには、アプリケーションの最適化だけで解決するのではなく、スケールアップやスケールアウトなどのインフラ計画まで踏み込んだ包括的な対応ができるようになります。

1-1 開発者がネットワークやサーバーを構築するメリット

ほとんどの開発現場では、ネットワーク管理者やサーバー管理者が、開発や運用のためのネットワークとサーバーを構築します。

アプリケーション開発者は、こうして出来上がったサーバーのアカウント情報を頼りにログインし、各種開発をしていきます。

このように「ネットワーク管理者やサーバー管理者の仕事」と「アプリケーション開発者の仕事」が分かれているのは、悪いことではありません。「ネットワーク管理者やサーバー管理者の仕事」は、運用も含んだものであり、さまざまな知識とノウハウが要求されるからです。

適切なセキュリティを設定しなければ、侵入される恐れがあります。ネットワークやサーバーの負荷を正しく予測していなければ、アクセスが殺到したときに、十分なレスポンスを返せないかも知れません。

このような理由から、ネットワークやサーバーの技術は専門化され、アプリケーション開発者からは、よくわからないものとなってしまいました（図1-1）。

しかし、いつも、「誰かが作ったネットワーク」や「誰かが作ったサーバー」を使って開発していたのでは、これらに関する知識が身につきません。

本番環境ならば、安全のため、やはり専門家に任せるべきです。しかし開発する際のテスト環境ぐらいは、自分で作れるようになりたいものです。

ネットワークやサーバーの知識を身につければ、自由で使いやすいテスト環境が作れま

1-1 開発者がネットワークやサーバーを構築するメリット

図 1-1 アプリケーション開発者は、あらかじめ用意されたサーバー上で開発する

す。そして、自分だけのネットワーク／サーバー環境を作れば、誰にも迷惑をかけずに、さまざまな実験ができます。

本書は、このような「自分でネットワークやサーバーを構築できるようになること」を目指す書です。

ネットワークやサーバーなどのインフラ知識を身につければ、次のことができるようになります。

①障害に強くなる

システムにトラブルがあったときに、どこに問題があるのか、切り分けられるようになります。

②アプリケーション開発の枠組みだけでなく、システム全体での幅広い対応ができるようになる

システムを運用していると、リソース不足に陥ることがあります。インフラを知らなければ、アプリケーション開発の枠組みの範囲でしか対応できません。たとえばプログラムを改良したり、実行されているプロセスの数を減らしたりするソフトウエア的な対応しかできません。

しかしインフラを知っていれば、ネットワークやサーバーを増強して対策をとるなど、システム全体で対応できるようになります。

実際の増強は、ネットワーク管理者やサーバー管理者に任せるとしても、ネットワークの構成的に、「負荷がかかると弱い箇所」や「セキュリティ上、問題が生じそうな箇所」がわかることは、堅牢なシステムを作るのに欠かせない知識です。

1-2 ネットワークやサーバーを構築する

では、ネットワークやサーバーを構築する場合、どのようにすればよいのでしょうか？ ネットワーク管理者やサーバー管理者は、概ね、次のようにシステム全体を設計します。

■サーバーの構成

まず、どのようなサーバーが必要なのかを考えます。

たとえば、Webサイトを提供するのであれば「Webサーバー」が必要です。そして、データを保存する場合には、「データベースサーバー」が必要なこともあります。ときには、メールを送受信するために「メールサーバー」も必要となるでしょう。

ここで挙げたように、サーバーは、用途別にさまざまな種類のものがあります。

しかし実際には、「Webサーバー」や「データベースサーバー」、「メールサーバー」というものがあるわけではなく、「サーバーに対してWebの機能を提供するソフトウエアをインストールしたもの」がWebサーバーであり、同様に「データベースの機能を提供するソフトウエアをインストールしたもの」がデータベースサーバー、そして、「メールの送受信機能を提供するソフトウエアをインストールしたもの」がメールサーバーです。

そもそもサーバーというのは、「Linux」や「Windows Server」など、サーバー用のOSをインストールしたコンピュータのことにすぎません。

「サーバーに、どのようなソフトウエアをインストールするのか」で、サーバーの役割が決まります（図1-2）。

> **Memo** サーバーには、複数のソフトウエアをインストールすることもできます。たとえば、「Webサーバーソフト」と「データベースソフト」の両方をインストールしたときは、「Webサーバー兼データベースサーバー」となります。

図1-2 サーバーにインストールするソフトウエアで役割が決まる

サーバーを構築したいのであれば、次の知識の習得が必要です。

①サーバー OS のインストール方法

　Linux や Windows Server などのサーバー OS のインストール、そして、各種の設定方法です。

②各ソフトウエアのインストールや設定方法

　Web サーバーソフトやデータベースサーバーソフト、メールサーバーソフトなど、さまざまな機能を提供するソフトウエアのインストールや設定方法です。

　たとえば、Web サーバーとして機能させたいなら、「Apache HTTP Server（以下、Apache）」や「nginx」などのソフトウエアをインストールします。

　データベースサーバーとして機能させたいなら、「MySQL」や「MariaDB」「PostgreSQL」などのソフトウエアをインストールします。

　そしてメールサーバーとして機能させたいなら、「Sendmail」や「Postfix」などのソフトウエアをインストールします。

■ネットワークの構成

　構築したサーバーは、ネットワークに接続しないと、通信できません。

　インターネットと接続可能なネットワークでは、「TCP/IP（Transmission Control Protocol/Internet Protocol）」というプロトコルを使っています。

　TCP/IP では、それぞれのサーバーに「IP アドレス」という番号を振ります。「10.0.1.10」のような、「ピリオドで区切られた 4 つの数字」で、他の機器と重複しない番号です。

　この番号は、決まった規則で割り当てる必要があり、適当に振っても、通信できません。

　また、インターネットに接続する場合には、通常「ルーター」と呼ばれる機器を使いますが、各サーバーでは、そのルーターにデータが流れるように構成しておかないと、インターネットと通信できません。

　また、インターネットでは、「http://www.example.co.jp/」のようなドメイン名でアクセスします。ドメイン名とは、サーバーの IP アドレスに付与する、人間が理解しやすい名前のようなものです。ドメイン名を使うためには、「DNS サーバー」と呼ばれるサーバーの設定も必要です（**図 1-3**）。

　ネットワークを構築したいのであれば、次の知識の習得が必要です。

①IP アドレスに関連する知識

　IP アドレスを、どのように定めるのか。そして、ルーターを介したインターネットとの

CHAPTER1　システム構築をインフラから始めるには

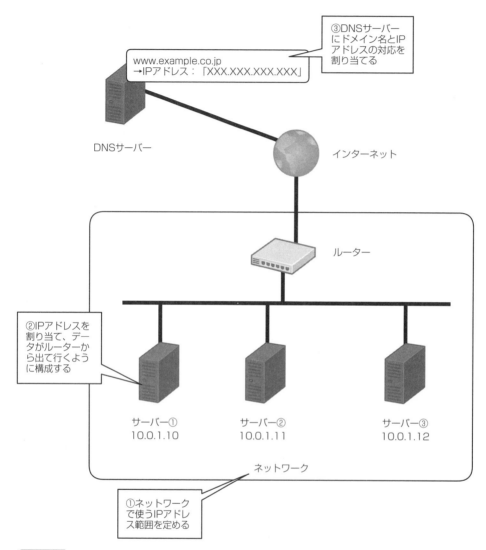

図 1-3　ネットワークの構成と設定する内容

データの流れを、どのように制御するのかなどの知識です。

② DNS サーバーに関する知識

　ドメイン名と IP アドレスとを結び付けるには、どのようにすればよいのか。どのようなやりとりで、ドメイン名と IP アドレスとは、相互に変換されているのかなどの知識です。

■問題を解決する、さまざまなツール

　ネットワークやサーバーを構築する際には、正しく設定されているかどうかを確認したり、どのようなデータが流れているのかを確認したりする必要もあります。

　そのためには、各種ネットワーク関連のコマンドや、流れるデータをのぞき見るツールを使います。

　ネットワーク関連のコマンドとしては「ping」「traceroute」「telnet」「nslookup」「dig」などがあります。

　流れるデータをのぞき見るには、ネットワークを流れる生のデータを見るなら「Wiresharkなどのネットワークプロトコルアナライザ」、Webサイトの表示に利用されるHTTPプロトコルに限ったデバッグをしたければ「Webブラウザに付属のデバッグツール」など、用途に合わせてさまざまなツールがあり、これらを利用します。

　たとえば、Webブラウザのデバッグツールを使って、どのようなデータが流れているのかを見ることができます。

　これは、トラブルの際だけでなく、アプリケーションを開発する際、送受信されているデータが正しいかどうかを確認するときにも役立ちます（**図1-4**）。

図1-4　ネットワークを流れるデータをのぞき見る

1-3 WordPressでブログシステムを作る

本書では、具体的に、WordPressでブログシステムを作りながら、「サーバーの構築」「ネットワークの構築」、そして、「問題を解決するツール」を説明していきます。

その全体的な構造は、図1-5の通りです。

利用するサーバーは、「Webサーバー」と「DBサーバー」の2台です。いつもなら、これらのサーバーは、サーバー管理者によってすでに構築されていて、そのアカウントを使って「WebサーバーにWordPressをインストールする」もしくは「WordPressもインストールされた状態から始める」のではないでしょうか？

しかし本書では、何もないところから、サーバーやネットワークを構築していきます。

■「公開されたネットワーク」と「隠されたネットワーク」

図1-5に示したように、本書で構築するネットワークは、2つに分かれています。

図1-5 本書で構築するネットワークの構成

ひとつは「パブリックサブネット」と名付けたもので、こちらはインターネットに接続し、「公開」されています。ここには Web サーバーを配置します。

もうひとつは「プライベートサブネット」と名付けたもので、こちらはインターネットに、直接、接続せず、「隠されたネットワーク」とします。

ここには、DB サーバーを配置します。DB サーバーには、ブログのデータを保存しますが、インターネットから直接接続して、いたずらされるのを防ぐため、インターネットからは隠そうという目論みです。

■片方向からの接続だけを許す NAT

とはいえ、DB サーバーが、まったくインターネットにアクセスできないのは困ります。なぜなら、ソフトウエアをインターネットからダウンロードしてインストールしたりアップデートしたりできなくなるからです。

そこで、「NAT」を導入します。NAT は Network Address Translation の略で、内部だけで通用するアドレスを外部とも通信できるアドレスに変換する技術です。NAT を導入すると、「片方向だけの接続を許す」ことが実現できます。つまり、DB サーバーからはインターネットに接続できるけれども、逆に、インターネットから DB サーバーには接続できないという環境を実現します。もちろん、DB サーバーから外部に通信した際の戻り（返事）の通信は通してくれるので安心してください。この NAT という仕組みにより、DB サーバーは外部からソフトウエアを安全にダウンロードできるようになるのです。

1-4 物理的なネットワークと AWS

図 1-5 に示したネットワークやサーバーを実際に構築するには、「インターネットに接続された回線」と「各種サーバー」、そして、それらを接続するハブやルーターなどの「ネットワーク機器」を用意しなければならず、手軽に試せません。

そこで検討したいのが、「仮想的にネットワークやサーバーを構築する」という方法です。

本書では、Amazon Web Services,Inc. が提供している「アマゾン ウェブ サービス（以下 AWS）」を使って、これらのネットワークやサーバーを構築していきます。

AWS では、いくつかの特殊な用語を使います。そこで、物理的な機器と AWS 上のサービスとの関係を、簡単にまとめておきます。

■「リージョン」と「アベイラビリティーゾーン」

AWS は、本書の執筆時点において、世界 22 カ所の分散されたデータセンター群で構成されています。それぞれの地域に存在するデータセンター群のことを「リージョン

(Region)」と呼びます。たとえば、「バージニアリージョン」「オレゴンリージョン」「東京リージョン」などがあります。

　それぞれのリージョンは、さらに「アベイラビリティーゾーン（Availability Zone：「AZ」と略されることもある）」に分割されています。

　それぞれのアベイラビリティーゾーンは、物理的に距離が相当離された、独立したファ

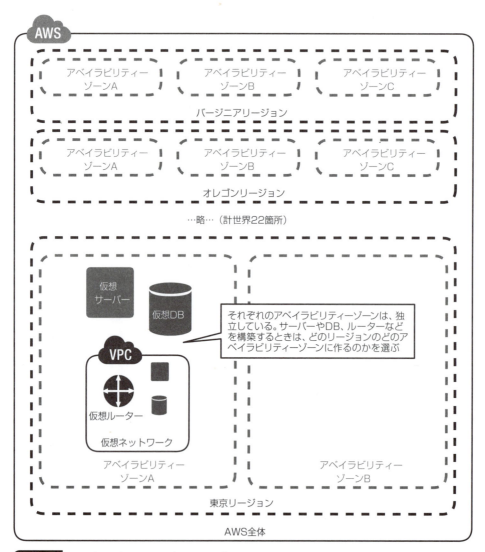

図 1-6　リージョンとアベイラビリティーゾーン

シリティ（ネットワークや電源網などの設備）を用いています。つまり、あるアベイラビリティーゾーンが地震や洪水などで被害を受けても、他のアベイラビリティーゾーンが影響を受けないようにする、耐障害性を高める概念です（図1-6）。

　AWSで仮想的なネットワーク（次で説明する「Amazon Virtual Private Cloud（以下、Amazon VPC）」）や仮想的なサーバー（次で説明する「Amazon Elastic Compute Cloud（以下、Amazon EC2）」インスタンス）を構築する場合、それを「どのリージョンの、どのアベイラビリティーゾーンに置くのか」を決めなければなりません。

　AWSを使って実運用する際には、「エンドユーザーに近いリージョンを選ぶとレスポンスが良くなる」とか「耐障害性を高めるために、異なるアベイラビリティーゾーンに同じ構成のサーバーを立てて負荷分散する」など、いろいろと考慮すべきことがあります。

　通常、AWSでは、データセンター全停止などの大きな障害に備えて、複数のアベイラビリティーゾーンにAmazon EC2インスタンスを配置して、耐障害性を高めることを推奨しています。

　しかし本書では、演習のやりやすさから、「東京リージョン」の1つのアベイラビリティーゾーンに、すべてのEC2インスタンスを配置することにします。

■「ネットワーク」と「Amazon VPC」

　AWSでは、Amazon VPCと呼ばれる領域を作ると、そこに自由なネットワークを作れます。Amazon VPCを作るときには、「どのようなIPアドレス範囲を使うか」を指定します。

　Amazon VPCを作ったら、それをいくつかのネットワークにさらに分割して利用しま

図1-7　VPCを作ったあとにサブネットを作成

CHAPTER1　システム構築をインフラから始めるには

インスタンス　　　インスタンスとは、仮想的なサーバーのこと

図 1-8　EC2 インスタンス

す。分割したネットワークのことを「サブネット」と言います。

　サブネットのなかには、次に説明する「サーバー（Amazon EC2 インスタンス）」を配置できます（図 1-7）。

■「サーバー」と「Amazon EC2 インスタンス」

　AWS では、「Amazon Elastic Compute Cloud（Amazon EC2 もしくは EC2）」というサービスを使ってサーバーを作ります。起動された各サーバーの個体は「インスタンス」と呼ばれます。インスタンスは、図 1-8 のように四角い箱で図示されます。

　インスタンスを作るときは、「CPU のスペック」や「ディスクの容量」などを決められます。

　本書では、実験なので、契約してから 1 年間の無償利用範囲に含まれている「t2.micro」というインスタンスタイプを使います。

1-5　本書の流れ

　本書では、ここまで説明してきた通り、AWS を使って、WordPress によるブログシステムを構築しながら、ネットワーク技術やサーバー技術を習得していきます。

　本書は、次の章で構成されています。

CHAPTER2　ネットワークを構築する

　まずは、システムの土台となるネットワークを設計します。ここで、どのような IP アドレスを割り当てるべきなのかについても検討します。

　そしてインターネット側から見える「パブリックサブネット」を構築します。

CHAPTER3　サーバーを構築する

　Amazon EC2 を使ってサーバーを構築します。サーバーに対して設定するファイアウォールについても説明します。

CHAPTER4　Web サーバーソフトをインストールする

CHAPTER3 で構築したサーバーに、Apache をインストールして、Web サーバーとして構成します。

また、DNS を設定して、ドメイン名でアクセスできるようにします。

CHAPTER5　HTTP の動きを確認する

Web サーバーでは、HTTP（Hyper Text Transfer Protocol）というプロトコルを使って通信します。デバッグツールを使って、実際に、どのようなデータが送受信されているのかをのぞき見ます。

CHAPTER6　プライベートサブネットを構築する

インターネットからは見えない「プライベートサブネット」を作り、DB サーバーを配置します。

CHAPTER7　NAT を構築する

CHAPTER6 で構築したネットワークからインターネットに接続できるようにするため、NAT を構築します。

CHAPTER8　DB を用いたブログシステムの構築

DB サーバーに MariaDB をインストールして、データベースサーバーとして構成したあと、Web サーバーに WordPress をインストールし、ブログシステムを完成させます。

CHAPTER9　TCP/IP による通信の仕組みを理解する

最後に、今まで解説してきたことのおさらいと、今後どういったことについて学習していくべきなのかという点に触れて、本書のまとめとします。

本書で構築するネットワークの全体像と、本書の該当章は、**図 1-9** の通りです。

それでは、実際に、始めていきましょう。次の章では、ネットワークを構築します。

CHAPTER1 システム構築をインフラから始めるには

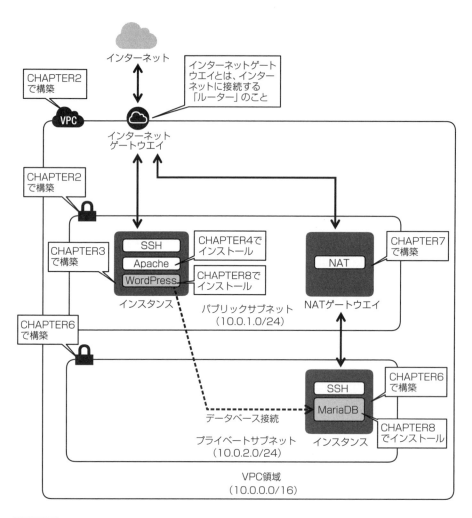

図1-9 本書で構築するブログシステムの全体像

CHAPTER2　ネットワークを構築する

CHAPTER2
ネットワークを構築する

VPC 領域を構成すると、AWS 上に、好きな構成のネットワークを構築できます。この章では、本書全体でネットワークの実験として用いる VPC 領域を構成していきます。

2-1　ネットワークで用いる IP アドレス範囲を定める

前章で説明したように、Amazon VPC を用いて VPC 領域を構成すると、ユーザーごとに隔離されたネットワークを作れます。作ったネットワークには、任意のネットワーク設定ができ、ルーターなどの仮想的なネットワーク機器も配置できます。これは、本書が主題とする「ネットワークの実験」に、うってつけの環境です。では、実際に VPC 領域を作ってみましょう、と言いたいところですが、その前に、1 つ考えなければならないことがあります。それは、VPC 領域に対して割り当てる「IP アドレス範囲」です。

■「パブリック IP アドレス」と「プライベート IP アドレス」

インターネットで使われている「TCP/IP（Transmission Control Protocol/Internet Protocol)」というプロトコルでは、通信先を特定するのに「IP アドレス」を用います。

IP アドレスは、ネットワーク上で互いに重複しない唯一無二の番号で、いわゆる、「住所」に相当します。IP アドレスは、32 ビットで構成されます。「192.168.1.2」のように、8 ビットずつ 10 進数に変換したものを、「.」（ピリオド）で区切って表記します。

それぞれのピリオドで区切られた数字は「0」～「255」までです。つまり、IP アドレスは、「0.0.0.0」から「255.255.255.255」までとなります。

> **Memo** IP アドレスには、「IPv4」と「IPv6」の 2 種類があり、IP アドレスの書式が異なります。
> Amazon VPC も 2016 年 12 月から IPv6 をサポートしていますが、本書では、現在主流である IPv4 だけを扱います。

●インターネットで使われる「パブリック IP アドレス」

IP アドレスは、重複すると正しく通信できないため、好き勝手に設定することは許さ

れません。インターネットで利用するIPアドレスは、「ICANN（Internet Corporation for Assigned Names and Numbers）」という団体が一括管理しています。

インターネットに接続する際に用いるIPアドレスのことを「パブリックIPアドレス」や「グローバルIPアドレス」と言います。AWSでは、「パブリックIPアドレス」という名称が使われているため、以下、本書では、「パブリックIPアドレス」に統一します。

パブリックIPアドレスは、プロバイダーやサーバー事業者から貸し出されます。

> **Column** **IPアドレスの割り振りと再配布**
>
> IPアドレスは、ICANNが一括管理し、必要に応じて、その配下の団体へと配布する仕組みがとられています。配下の団体は、**図2-A**に示すように「地域」や「国」、「プロバイダー」などです。
>
> インターネットに接続するためには、IPアドレスが必須です。そこでプロバイダーは、上位団体であるJPNIC（Japan Network Information Center）という団体にIPアドレスを申請して、あらかじめエンドユーザーの数に見合ったIPアドレスを確保しています。光回線やADSL回線などでエンドユーザーがインターネットに接続しようとしたときには、そのIPアドレスを使ってインターネットに接続するように構成します。
>
> JPNICは、アジア地域を担当するその上位団体APNIC（Asia Pacific Network Information Centre）からIPアドレスを割り振られ、それを分割して、プロバイダーに再配布しています。
>
>
>
> 図2-A　ICANNが配下の組織へIPアドレスを配布

> **Memo** 2011年2月3日にICANNがもつIPアドレス（IPv4アドレス）の在庫がなくなりました。日本国内を統括するJPNICでも2011年4月15日に在庫がなくなりました。現在は、各プロバイダーが割り振られたIPアドレスの在庫をもっているので、しばらくの間

は「IP アドレスが足りないから、新規のユーザーを受け入れられない」という事態にはなりません。しかし、そのうち、新規に IP アドレスをもらうことができなくなります。そのためインターネットの世界では、現在の IPv4 から、まだ IP アドレスが潤沢に残っているIPv6 への移行が進められています（IPv4 と IPv6 は互換性がないため、移行はスムーズではありません。そのため移行が完了するまでは、1 つの IP アドレスを複数のエンドユーザーで共有する NAT（Network Address Translation）という仕組みで IP アドレスの不足問題を解決しようとしています）。

●自由に利用してよい「プライベート IP アドレス」

　一方で、インターネットで使われない IP アドレスもあります。表 2-1 に示す IP アドレス範囲は、「プライベート IP アドレス」と呼ばれます。

IP アドレス範囲
10.0.0.0 ～ 10.255.255.255
172.16.0.0 ～ 172.31.255.255
192.168.0.0 ～ 192.168.255.255

表 2-1　プライベート IP アドレス

　プライベート IP アドレスは、誰にも申請することなく自由に使えます。
　社内 LAN を構築するときや、本書で行うようなネットワークの実験をするときには、この範囲の IP アドレスを用いるようにします。

■IP アドレス範囲と表記方法

　ネットワークを構築する際には、まず、そのネットワーク内で使う IP アドレスの範囲を定めます。
　実験用ネットワークであれば、表 2-1 に示したプライベート IP アドレスの範囲から、サーバーやクライアント、ネットワーク機器を接続するのに十分な数を確保した IP アドレスの範囲を定めます。
　このとき、IP アドレスの範囲を「10 個」や「15 個」、「20 個」といったように、好きな数で区切ることはできません。ホストに割り当てる IP アドレスの範囲は、「2 の n 乗個で区切る」という決まりがあるからです。
　つまり、「4 個」「8 個」「16 個」「32 個」「64 個」「128 個」「256 個」…略…「65536 個」…略…、といった単位で区切ります。
　一般に、よく使われる区切りが、「256 個」と「65536 個」です。
　「256 個の区切り」は最後から 8 ビット分（＝ 2 の 8 乗）に相当し、ちょうど、IP アド

図 2-1 「ネットワーク部」と「ホスト部」

レスの「ピリオドで区切った先頭から3つまで」を境に、左側の数字をホストに割り当てます。たとえば、「192.168.1.0 〜 192.168.1.255」は、256個で区切ったときの一例です。

　同様に、「65536個の区切り」は最後から16ビット分（＝2の16乗）に相当し、IPアドレスの「ピリオドで区切った先頭から2つまで」を境に、左側の数字をホストに割り当てます。たとえば、「192.168.0.0 〜 192.168.255.255」は、65536個で区切ったときの一例です。

　IPアドレスは、前半の部分を「ネットワーク部」、後半の部分を「ホスト部」と言います（図 2-1）。

　図 2-1 からわかるように、ネットワーク部は、同じネットワークに属する限りは、同じ値です。そしてホスト部が、割り当てたいサーバーやクライアント、ネットワーク機器に対する連番となります。

> **Memo** ホスト（host）とは、コンピュータやルーターなどのネットワーク機器など、IPアドレスをもつ通信機器の総称です。

> **Memo** 便宜的に「連番」と述べましたが、実際には、飛び飛びの値を割り当ててもかまいません。たとえば、管理しやすくするため、ネットワーク機器には、先頭から「192.168.1.1」「192.168.1.2」…を、サーバーには、少し離れて「192.168.1.10」「192.168.1.11」…を割り当て、クライアントには、さらに離れた「192.168.1.100」「192.168.101」…のように割り当てる、といったように、用途別に少し離れたIPアドレスを割り当てる運用は、よく行われます。

● CIDR 表記とサブネットマスク表記

さて、「192.168.1.0 〜 192.168.1.255」や「192.168.0.0 〜 192.168.255.255」といった表現は長いため、通常、IP アドレス範囲を示すときには、「CIDR 表記（サイダー：Classless Inter-Domain Routing）」もしくは「サブネットマスク表記」の、いずれかの表記を用います。

① CIDR 表記

IP アドレスを 2 進数で表記したとき、「ネットワーク部のビット長」を「/ ビット長」で示す方法です。このビット長のことを「プレフィックス（prefix）」と言います。

たとえば「192.168.1.0 〜 192.168.1.255」の場合、プレフィックスは 24 ビットです。そこで、「192.168.1.0/24」と記述します。同様に、「192.168.0.0 〜 192.168.255.255」は、プレフィックスは 16 ビットなので、「192.168.0.0/16」と記述します（図 2-2）。

IP アドレス範囲を CIDR 表記する場合、その範囲は「CIDR ブロック」と呼ばれます。

② サブネットマスク表記

サブネットマスクは、プレフィックスのビット数だけ 2 進数の「1」を並べ、残りは「0」を記述した表記です（図 2-3）。

図 2-2　CIDR 表記の例

たとえば、「192.168.1.0 〜 192.168.1.255」の場合、サブネットマスクは「255.255.255.0」なので、「192.168.1.0/255.255.255.0」と表記します。同様に、「192.168.0.0 〜 192.168.255.255」の場合、サブネットマスクは「255.255.0.0」で、「192.168.0.0/255.255.0.0」と表記します。

CIDR表記やサブネットマスク表記は少し難しく感じますが、単純に、「先頭から、いくつ分のIPアドレス範囲を示しているか」を示す表記方法にすぎません。

多く用いるIPアドレス範囲は、「256個単位」もしくは「65536個単位」です。そこで、最初のうちは、次の規則さえ覚えていれば十分です。

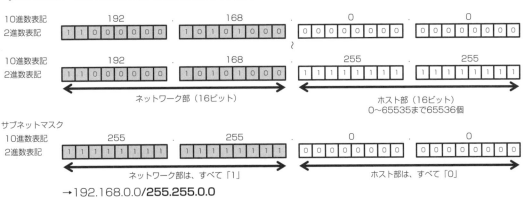

図 2-3 サブネットマスク表記の例

CHAPTER2　ネットワークを構築する

① CIDR 表記「/24」もしくはサブネットマスク表記「/255.255.255.0」

　256 個分の範囲を示します。たとえば、「AAA.BBB.CCC.0/24」もしくは「AAA.BBB.CCC.0/255.255.255.0」と表記された場合、「AAA.BBB.CCC.0 ～ AAA.BBB.CCC.255」です。

② CIDR 表記「/16」もしくはサブネットマスク表記「/255.255.0.0」

　65536 個分の範囲を示します。たとえば、「AAA.BBB.0.0/24」もしくは「AAA.BBB.0.0/255.255.0.0」と表記された場合、「AAA.BBB.0.0 ～ AAA.BBB.255.255」です。

　これらは、表記の決まりごとにすぎません。たとえば、

① 192.168.1.0 ～ 192.168.1.255
② 192.168.1.0/24
③ 192.168.1.0/255.255.255.0

は、すべて同じ IP アドレス範囲を示しています。

　ネットワーク関係の多くのコマンドや設定では、②や③の表記しか受け付けません。そのため②や③の表記が出てきたときに、①の範囲を示すのだとわかるかどうかが、ネットワークを理解するポイントになります。

■本書でのネットワーク構成

　本書では、これから実験用のネットワークを構築していきます。すでに説明したように、実験用のネットワークでは、プライベート IP アドレス範囲を用います。

　プライベート IP アドレス範囲なら、どの範囲を用いてもかまいませんが、Amazon VPC の仕様では、VPC 領域を作成するときに、プレフィックス長として「16 以上」を指定する必要があります。そこで本書では、

10.0.0.0/16

という CIDR ブロック（IP アドレス範囲）を利用して、プライベート IP アドレスのネットワーク空間を作成することにします。

　実際の IP アドレスとして表記すると、「10.0.0.0/16」は、

10.0.0.0 ～ 10.0.255.255

の範囲です。

28

2-2 実験用のVPCを作成する

前置きが長くなりましたが、本書では、「10.0.0.0/16」のCIDRブロックでVPC領域を構成します。AWSマネジメントコンソールを使ってVPC領域を作るには、次のようにします。この作業は、実世界において、「ルーターやハブなどを用意して、環境を整える作業」に相当するものです。

> **Memo** AWSマネジメントコンソールのURLは、https://console.aws.amazon.com/です。

【手順】「10.0.0.0/16」のVPC領域を作る

[1] AWSマネジメントコンソールでVPCを開く

AWSマネジメントコンソールのホーム画面から、[VPC]を選択します（**図2-4**）。

[2] リージョンを設定する

VPCの操作対象とするリージョンを右上から選択します。

本書では、東京リージョンに実験用のネットワークを作るので、[アジアパシフィック（東京）]を選択してください（**図2-5**）。

> **Memo** AWSマネジメントコンソールでは、一度右上からリージョンを選択すると、Amazon VPCだけでなくほかのサービスに対しても、それがデフォルトとして設定されます。そのため以降の操作では、都度、リージョンを選択する必要がなくなります。

[3] VPC領域を作成する

[VPC]メニューをクリックします。すると、VPC領域の一覧が表示されます（まだVPC領域を作っていませんが、すでに「デフォルトのVPC」と呼ばれるVPCが一つあります）。

[VPCの作成]をクリックして、VPCの作成をはじめてください。

「名前タグ」には、作成するVPC領域に付ける名前を入力します。ここでは「VPC領域」とします。「IPv4 CIDRブロック」は、使用するIPアドレス範囲です。ここでは「10.0.0.0/16」と入力します。[作成]をクリックすると、VPC領域が作られます（**図2-6**）。

> **Memo** テナンシーの設定は、デフォルトのままにしてください。ハードウエア専有は、物理的なサーバー上に他のユーザーの仮想サーバーが乗らなくなる設定で、別途費用がかかります。企業のコンプライアンス上の理由などで物理サーバーを専有する必要があるような場合のみ

CHAPTER2　ネットワークを構築する

利用する機能です。また、前述の通り、今回はIPv4で環境を構築しますので、IPv6のオプションはデフォルトの［IPv6 CIDR ブロックなし］を選択してください。

図2-4　VPCを開く

図2-5　リージョンを設定する

2-3 VPCをサブネットに分割する

図 2-6 VPC領域を作成する

2-3 VPCをサブネットに分割する

　以上の作業で、「10.0.0.0/16」というCIDRブロックをもった「VPC領域」という名前をもつVPC領域、すなわち、プライベートなネットワーク空間が出来上がりました。
　このネットワーク空間は、作成したユーザーが自由に扱うことができる空間で、他のユーザーからは、まったく見えません。

■サブネットの考え方
　実際のネットワークでは、割り当てられたCIDRブロックを、そのまま使わずに、さらに小さなCIDRブロックに分割して利用することがほとんどです。このように、さらに細分化したCIDRブロックのことを「サブネット（Subnet）」と言います。
　たとえば、今回は、「10.0.0.0/16」というCIDRブロックをVPC領域に割り当てましたが、これをさらに、

・「/24」の大きさで切って256分割する

ということがよく行われます（図2-7）。

図2-7 CIDRブロックをサブネットに分割する

Memo 「/24」は一例です。必要なら、「/28」などさらに小さくすることもできますし、「/20」のように大きく切ることもできます。そして、最初に「/24」で分けておき、その分けたものをさらに「/28」に細分化することもできます。いくつに分割するのかは、運用によります。「/24」は、ちょうどピリオドで区切られた「左から3つめ」までを指していてわかりやすいため、サブネットに分割するときに、よく使われる分割値です。

　サブネットに分割すると、その部分でネットワークを分けることができます。分けたい主な理由として、次の2点が挙げられます。

①物理的な隔離
　社内LANを構築する場合、「1階と2階とで、別のサブネットに分けたい」というように物理的に分けたいことがあります。
　サブネットに分けておくと、万一、どちらかのサブネットが障害を起こしたときも、もう片側に、その影響が出にくくなります。

②セキュリティ上の理由
　サブネットを分ければ、それぞれに対して、別のネットワークの設定ができます。
　たとえば、「経理部のネットワーク」だけを分離して、他の部署からはアクセスできないようにしたいというのは、よくあるセキュリティの要求です。
　また、社内にサーバーをもっている場合は、「サーバー群だけを別のサブネットにして、そのサブネットとの通信を監視したり一部しかデータを通さないように構成したりすることでセキュリティを高める」とか、「インターネットに接続するサーバーだけを別のサブネットにして、社内LANから隔離する」という構成も、よくとられます。

■VPC 領域をサブネットに分割する

　さて、本書で扱う実験用ネットワークでは、いま作成した VPC 領域を、次の 2 つのサブネットに分割することにします（**図 2-8**）。

①パブリックサブネット（10.0.1.0/24）

　インターネットからアクセスすることを目的としたサブネットです。のちの手順で、この領域には、Web サーバーを設置して、インターネットからアクセスできるようにします。

②プライベートサブネット（10.0.2.0/24）

　インターネットから隔離したサブネットです。のちの手順で、この領域には、データベースサーバーを設置します。

> **✍Memo**　「/24」で分割しているので、「10.0.3.0/24」や「10.0.4.0/24」などは、余ります。本書では、これらの残った部分は、利用しません。
> 　それならば、「10.0.0.0/16」ではなくて、「10.0.0.0/22」で足りると思うかも知れません。確かに、その通りです。しかし「/16」にすれば、左からピリオド 2 つ分で分割できるため、「/22」よりも明らかにわかりやすくなります。それに、ギリギリの大きさで作成すると、あとでネットワークを拡張したくなったときに、拡張できなくなります。一般に、ネットワークは、接続するコンピュータの数が増えてゆき、将来的に大きくなるものなので、ある程度の余裕をもって設計するのが通例です。

　図 2-8 のように、「インターネットからアクセスできる箇所」と「インターネットからはアクセスできない箇所」に分離するのは、セキュリティを高めるときに、よく用いられるネットワーク構成です。

　図 2-8 において、プライベートサブネットに配置するデータベースサーバーは、インターネットから直接アクセスできないので、セキュリティを高められます。

■パブリックサブネットを作る

　では実際に、サブネットを作成してみましょう。まずは、パブリックサブネットを作成します。

　図 2-8 に示したように、パブリックサブネットは、「10.0.1.0/24」の CIDR ブロックで作成します。

【手順】パブリックサブネットを作る
[1] サブネットを作成する

　［サブネット］メニューをクリックし、［サブネットの作成］ボタンをクリックしてくだ

CHAPTER2 ネットワークを構築する

図 2-8 本書で扱う実験用ネットワークの構成

さい（図 2-9）。

[2] CIDRブロックを設定する

　すると、CIDRブロックの入力画面が表示されます。

　［名前タグ］の部分には、サブネットの名前を入力します。ここでは、「パブリックサブネット」と入力します。

　［IPv4 CIDR ブロック］には、割り当てるCIDRブロックを入力します。「10.0.1.0/24」と入力し、［作成］ボタンをクリックしてください（図 2-10）。

2-3　VPCをサブネットに分割する

図 2-9　サブネットを作成する

図 2-10　サブネットの名称やIPアドレスを入力

> **Memo**　もし、複数のVPC領域を作成しているときは、［VPC］の部分で、どのVPC領域に対してサブネットを作成するのかを選択してください。

35

Memo ［アベイラビリティーゾーン］では、サブネットを作成するアベイラビリティーゾーンを選択できます。ここでは、最初のサブネットを作成するため、どこに設置しても同じなので、［指定なし］を選択します。すると、ランダムなアベイラビリティーゾーンが自動的に選択されます。［指定なし］ではなく、任意のアベイラビリティーゾーンに配置することもできます。複数のサブネットを構築する際に、異なるアベイラビリティーゾーンに配置しておけば、仮に片方のアベイラビリティーゾーンに障害が起こった場合でも、もう片方のアベイラビリティーゾーンにあるサブネットには影響が及ばない、という設計ができます。

2-4　インターネット回線とルーティング

　以上で、パブリックサブネット（10.0.1.0/24）ができました。次に、このパブリックサブネットを、インターネットと接続しましょう。

図2-11　インターネットゲートウエイを通じてインターネットと接続する

2-4 インターネット回線とルーティング

■インターネットに接続するための回線を引き込む

Amazon VPC において、あるサブネットをインターネットに接続するには、「インターネットゲートウエイ（Internet Gateway）」を用います。これは、「自分のネットワークにインターネット回線を引き込む」というイメージの作業になります（図 2-11）。

インターネットゲートウエイを作成して、サブネットをインターネットに接続するには、次のようにします。

【手順】インターネットゲートウエイを作成して、サブネットをインターネットに接続する
[1] インターネットゲートウエイを作成する
　[インターネットゲートウエイ] メニューを開き、[インターネットゲートウエイの作成] をクリックします。[作成] をクリックすると、インターネットゲートウエイが作成されます（図 2-12）。

Memo [名前タグ] に名前を入力すると、インターネットゲートウエイに名前を付けることもできます。ここでは、空欄のままとしますが、複数のインターネットゲートウエイを用いるときには、名前を付けておくと区別しやすくなります。

[2] VPC 領域に結びつける
　作成したインターネットゲートウエイにチェックを付けてから [アクション] をクリックして [VPC にアタッチ] メニューをクリックします（図 2-13）。
　すると、結びつける先の VPC 領域を尋ねられます。前節で作成した「VPC 領域」を選択してください。[アタッチ] をクリックすると、その VPC 領域にインターネットゲートウエイが結びつけられます。

Memo 複数の VPC 領域を作ってあるときは、どの VPC に結びつけるのかを選択する必要があります。VPC 領域には、「vpc-XXXXXX（XXXXXX はランダムな番号）」という VPC ID が振られているので、この番号で区別します。VPC ID は、[VPC] メニューをクリックして表示される VPC 一覧で確認できます。

■ルーティング情報

ネットワークにデータを流すためには、「ルーティング情報」と呼ばれる設定が必要です。この設定は、「ルーティングテーブル（Routing Table）」や「ルートテーブル（Route Table)」と呼ばれます。
　Amazon VPC では「ルートテーブル」という設定名になっているため、本書では、以下、

37

CHAPTER2 ネットワークを構築する

図2-12 インターネットゲートウエイを作成する

図2-13 インターネットゲートウエイをVPC領域に結びつける

「ルートテーブル」という名称で統一します（AWSでは「ルートテーブル」と呼ばれますが、一般的なネットワーク用語では、「ルーティングテーブル」と呼ばれることも多いです）。
　インターネットで使われている「TCP/IP」というプロトコルでは、データを細切れにした「パケット（Packet）」という単位で、データが送受信されます。
　パケットは、さまざまな「ヘッダー情報」と「データの実体」を含んでいます。ヘッダー

データは、パケットに分割して送受信される。それぞれのパケットには、「宛先IPアドレス」「送信元IPアドレス」が含まれており、どこからどこに送るデータなのかを区別できる

図 2-14 パケットはヘッダーとデータで構成される

情報の1つに、「宛先IPアドレス」があります（図2-14）。

　TCP/IPでは、ネットワーク機器である「ルーター」が、この「宛先IPアドレス」を見ながら、「もっとも宛先IPアドレスに近いほうのネットワーク」へと、次々とパケットを転送していき、最終目的地までパケットを到達させます。

　この仕組みでは、ルーターが、「どちらのネットワークが、より宛先IPアドレスに近いか」を、事前に知っていないと、うまく機能しません。設定によっては、パケットが行ったり来たりしてしまい、相手に届かないこともあり得ます。

　この問題を解決するための、「宛先IPアドレスの値が、いくつのときには、どのネットワークに流すべきか」という設定こそが、ルートテーブルです。

　それぞれのルーターには、ルートテーブルを設定しておき、パケットが到着したときには、そのルートテーブルの定義に従って、次のネットワークへとパケットを転送します。

　ルートテーブルは、

宛先アドレス　　流すべきネットワークの入り口となるルーター

という書式で設定します。宛先アドレスのことは、「ディスティネーション（destination）」と呼びます。

　「流すべきネットワーク先」は、「ネクストホップ（next hop）」や「ターゲット（target）」

CHAPTER2 ネットワークを構築する

図 2-15 ルートテーブルの設定例とパケットの流れ

などという名称で呼びます。Amazon VPC では、「ターゲット」という名称で設定するので、以下、本書では、「ターゲット」に統一します。

たとえば、「CIDR0」「CIDR1」「CIDR2」「CIDR3」の4つのネットワークがルーターで接続されているときの、ルートテーブルの設定例と、実際のパケットの流れを、図 2-15 に示します。

■Amazon VPC でルートテーブルを設定する

Amazon VPC では、図 2-16 のように、サブネットごとにルートテーブルを設定できます。

実際には、意識する必要はありませんが、Amazon VPC においては、サブネットやインターネットゲートウエイの間に、ルーターの役割を果たすソフトウエアが動いています。

●デフォルトのルートテーブル

VPC 領域を作った直後は、デフォルトのルートテーブルが作られます。そしてサブネットを作成したときには、そのデフォルトのルートテーブルが適用されています。

40

2-4 インターネット回線とルーティング

図 2-16 Amazon VPC におけるルートテーブルの設定

図 2-17 ルートテーブル ID を確認する

CHAPTER2 ネットワークを構築する

図 2-18　ルートテーブルの設定値の確認

　サブネットを作成した直後に、どのようなルートテーブルが設定されているのかは、次のようにして確認できます。

【手順】サブネットに対して設定されているルートテーブルを確認する
［1］　サブネットに割り当てられたルートテーブルのルートテーブル ID を確認する
　ルートテーブルには、ルートテーブル ID という「rtb-XXXXXX（XXXXXX はランダムな値)」という識別子が付けられています。
　まずは、［サブネット］をクリックしてサブネット一覧を表示し、ルートテーブル ID を確認します（図 2-17）。
［2］　ルートテーブルの設定値を確認する
　［ルートテーブル］メニューをクリックすると、ルートテーブル一覧が表示されます。このなかから［1］で確認したルートテーブル ID を持つルートテーブルをクリックします。
　［ルート］タブをクリックすると、現在の設定値を確認できます（図 2-18）。
　図 2-18 に示したように、デフォルトのルートテーブルは、

送信先　　　　　　　　　ターゲット
10.0.0.0/16　　　　　　　local

という 1 項目だけが設定されています。これは、VPC 領域の CIDR ブロックである「10.0.0.0/16」に含まれる IP アドレス宛のパケットであれば、VPC 領域のルーターに接続

42

されている相手への通信なので、VPC領域のルーター（つまりローカル。ネットワークの世界では、自分が所属しているネットワークのことを慣習的に「ローカル」や「ローカルネットワーク」と呼びます）にパケットを転送するという意味です。

このルートテーブルには、この設定しかないため、「10.0.0.0/16の範囲外の宛先のパケット」は、すべて破棄されます。

●デフォルトゲートウエイをインターネットに向けて設定する

本書では、「パブリックサブネット（10.0.0.0/16）」をインターネットに接続したいのですが、このままだと、インターネットと通信できません。なぜなら、いま説明したように、「10.0.0.0/16以外の宛先のパケット」は、すべて破棄されてしまうからです。

ここまでの作業で、インターネットと接続するために、インターネットゲートウエイを作成しています。そこで、「10.0.0.0/16以外の宛先のパケット」をインターネットゲートウエイに転送するよう、ルートテーブルを変更すれば、インターネットと通信できるようになります。

具体的には、「0.0.0.0/0の範囲の宛先のパケットは、インターネットゲートウエイに転送する」という設定をルートテーブルに追加します。

「0.0.0.0/0」は、すべてのIPアドレス範囲を示しています。つまり、「0.0.0.0/0に対するターゲットの設定」は、「転送先が何も設定されていないときの、デフォルトの転送先」を示します。このデフォルトの転送先を「デフォルトゲートウエイ（default gateway）」と呼びます。

図2-19 ルートテーブルを作成する

CHAPTER2 ネットワークを構築する

　デフォルトゲートウエイをインターネットゲートウエイに設定するには、次のようにします。

【手順】パブリックサブネットをインターネットに接続する
[1] 新しいルートテーブルを作成する
　現在、パブリックサブネットには、デフォルトのルートテーブルが設定されているため、新しくルートテーブルを作成して、そのルートテーブルをパブリックサブネットに適用します。
　そのために、[ルートテーブル] メニューにある [ルートテーブルの作成] ボタンをクリックします。
　[名前タグ] の部分に、ルートテーブルの名前を入力しましょう。ここでは、「パブリックルートテーブル」と名付けます。

図 2-20　ルートテーブルをサブネットに割り当てる

2-4 インターネット回線とルーティング

　　作成先のVPC領域が尋ねられるので、作成した「VPC領域」を選択して、［作成］を
クリックしてください（**図2-19**）。

> **Memo** すでに設定されている図2-18に対してルートテーブルの変更をせず、この手順のように
> 新しいルートテーブルを作成するようにしてください。図2-18で表示されているルート
> テーブルは、VPC領域全体に設定されているデフォルトのルートテーブルです。変更すると、
> このデフォルト設定を利用している、他のサブネットにも影響を与えてしまいます。ある
> サブネットに対してだけ、ルートテーブルを変更したいときは、必ず、新しいルートテー
> ブルを作成してサブネットに割り当て、その新しいルートテーブルを編集するようにします。

［2］　ルートテーブルをサブネットに割り当てる
　　［1］で作成したルートテーブルを、パブリックサブネットに割り当てます。

図2-21　デフォルトゲートウエイをインターネットゲートウエイとして設定する

45

CHAPTER2 ネットワークを構築する

　まずは、作成したルートテーブルをクリックして選択します。すでにいくつかのルートテーブルがありますが、「パブリックルートテーブル」と名付けた［1］で作成したルートテーブルを選択してください。

　選択したら、下の［サブネットの関連付け］タブをクリックして、［サブネットの関連付けの編集］ボタンをクリックしてください（図2-20 上）。するとサブネット一覧が表示されるので、割り当てたいサブネットである［パブリックサブネット］にチェックを付けて、［保存］をクリックしてください（図2-20 下）。

［3］デフォルトゲートウェイをインターネットゲートウェイに設定する
　［ルート］タブをクリックします。すでに、デフォルトの「10.0.0.0/16」の設定があるはずです。

　デフォルトゲートウェイをインターネットゲートウェイに設定するため、［ルートの編集］ボタンをクリックします（図2-21 上）。次に［ルートの追加］ボタンを順にクリックして送信先に「0.0.0.0/0」、ターゲットには作成しておいたインターネットゲートウェイを選択し［ルートの保存］をクリックしてください。

　インターネットゲートウェイの名称は、「igw-XXXXXX（XXXXXXはランダムな値）」です（図2-21 下）。

　以上で設定は完了です。正しく設定できたかどうかを確認するため、［サブネット］メニューから、パブリックサブネットを開き、［ルートテーブル］タブに正しいルートテーブルが表示されているかどうかを確認してください（図2-22）。

図2-22　サブネットに対するルートテーブルの設定を確認する

2-5 まとめ

　この章では、Amazon VPCを用いて、ネットワーク実験用のプライベートネットワーク空間であるVPC領域を作成しました。
　ここまで作ってきたネットワーク構成は、図2-23のようになっています。
　まず、「VPC領域」と名付けたVPC領域と、そこに関連付けられたインターネットゲートウェイがあります。
　VPC領域のなかには「パブリックサブネット」というサブネットが1つあり、「パブリックルートテーブル」というルートテーブルが関連付けられています。
　ルートテーブルには、「同VPC領域内の通信は、内部でルーティング」「それ以外の通信は、インターネットゲートウェイに転送する」という設定がなされています。
　次の章では、このパブリックサブネットの中に、1台の仮想サーバーを構築します。

図2-23　この章で作成したVPCの状態

CHAPTER3 サーバーを構築する

CHAPTER3
サーバーを構築する

　前章までの作業で、ネットワークの構築が終わりました。物理的な世界で言えば、インターネット接続の契約が済み、ハブやルーターといった機器の配線や設定が終わった状態です。この章では、このネットワーク上に仮想サーバーを作成します。

3-1 仮想サーバーを構築する

　図3-1に示すように、前章で作成したパブリックサブネットのなかに、仮想サーバーを構築します。

　仮想サーバーは、Amazon EC2を用いて作成します。Amazon EC2で作成した仮想サーバーのことを、「インスタンス」と呼びます。

　なお、このインスタンスには、次章で「Webサーバーソフト」をインストールし、Webサーバーとして機能させる予定です。

　インスタンスには、パブリックサブネット内で利用可能な「プライベートIPアドレス」を割り当てます。前章で、パブリックサブネットは「10.0.1.0/24」のCIDRブロックにしたので、「10.0.1.0 〜 10.0.1.255」のいずれかの値を割り当てることになります。

　しかしプライベートIPアドレスは、インターネットとの接続には利用できません。

　そこでインスタンスを起動するときには、「プライベートIPアドレス」とは別に、もうひとつ「パブリックIPアドレス」を設定するようにします（このパブリックIPアドレスは、AWSに割り当てられているIPアドレスブロックのうち、適当なものが使われます）。

　つまり、作成したインスタンスは、「VPC内で通信するためのプライベートIPアドレス」と「インターネットで通信するためのパブリックIPアドレス」の2つを持ちます。

■インスタンスを作成する

　では、インスタンスを作成しましょう。インスタンスは、AWSマネジメントコンソールの［EC2］タブから操作します。

　まずは、［ホーム］から［EC2］をクリックして、EC2タブを開いてください（**図3-2**）。

3-1 仮想サーバーを構築する

図 3-1 この章で作成する仮想サーバー

インスタンスは、次の手順で作成します。

【手順】インスタンスを作成する
[1] リージョンの確認
　すでにCHAPTER2でVPCを作成したときに、リージョンを「東京」にしたはずですが、念のため右上のリージョンが［東京］になっているかどうかを確認してください。もしなっていなければ、［アジアパシフィック（東京）］を選択してください（図3-3）。

[2] インスタンスの作成を始める
　［インスタンス］メニューを開いてください。［インスタンスの作成］ボタンをクリックして、インスタンスの作成を始めます（図3-4）。

49

CHAPTER3 サーバーを構築する

図 3-2 ［EC2］タブを開く

図 3-3 リージョンの確認

図 3-4 インスタンスの作成を始める

［3］AMI を選択する

　インスタンスを起動する際に用いるイメージファイル（AMI：Amazon Machine Image）を選択します。

　このイメージは、OS がインストールされて初期アカウントの設定までが済んだものです。

3-1 仮想サーバーを構築する

図 3-5 Amazon Linux 2 AMI を選択する

図 3-6 t2.micro を選択する

選んだ内容が、まるまるコピーされ、インスタンスが作成されます。
　本書では、1番上に表示されている AWS が提供している「Amazon Linux 2 AMI」を選択します。Amazon Linux 2 AMI は、AWS がサポートおよび管理している Linux のイメージです（**図 3-5**）。

［4］インスタンスタイプを選択する
　次にインスタンスタイプを選択します。インスタンスタイプとは、仮想マシンのスペックのことです。ここでは、AWS のサインアップ日から12か月間の無償利用範囲である「マ

51

CHAPTER3 サーバーを構築する

イクロインスタンス」を選択します。マイクロインスタンスは、厳密には、「t2.micro」という名称です。選択したら、さらに詳細な設定をするため、[次のステップ：インスタンスの詳細の設定] ボタンをクリックしてください (**図 3-6**)。

> **Memo** [確認と作成] ボタンをクリックすると、以降の設定をスキップして、すぐにインスタンスを起動できます。しかしそうすると、詳細なネットワーク設定ができないため、[次のステップ：インスタンスの詳細の設定] ボタンで、次に進めてください。

[5] インスタンスの詳細情報を設定する

インスタンスの詳細情報を設定します。次の項目を設定します (**図 3-7**)。

(a) VPC とサブネット

インスタンスを配置するサブネットを選択します。まずは、[ネットワーク] の部分で、CHAPTER2 で作成した [VPC 領域] を選択します。すると、サブネットの選択肢に、その「VPC 領域」に含まれるサブネット一覧が表示されるので、[パブリックサブネット] を

図 3-7 インスタンスの詳細設定

選択してください。

（b）パブリック IP アドレス

さらに、インターネットから、このインスタンスにアクセスできるようにするため、パブリック IP アドレスを付与します。そのためには、［自動割り当てパブリック IP］の部分で［有効］を選択します。

> **Memo** ここで割り当てられるパブリック IP アドレスは、起動のたびにランダムなものが設定される動的 IP です。Elastic IP という機能を使うと、IP アドレスを固定化できます（コラム「パブリック IP アドレスを固定化する」を参照）。

（c）プライベート IP アドレス

このインスタンスには、プライベート IP アドレスも設定します。

「パブリックサブネット」は、CHAPTER2 で「10.0.1.0/24」で定義しているので、「10.0.1.0 ～ 10.0.1.255」のいずれかの IP アドレスを指定できます。

ここでは、「10.0.1.10」を割り当てることにします。［ネットワークインタフェース］の［プライマリ IP］に、「10.0.1.10」と入力してください。

> **Memo** CIDR ブロックの「先頭」と「末尾」は、サーバーなどのホストに設定することはできません。「先頭の IP（この例では 10.0.1.0）」は、「ネットワークアドレス」と呼ばれ、ネットワーク全体を示します。「末尾の IP（この例では 10.0.1.255）」は、「ブロードキャストアドレス」と呼ばれ、すべてのホストを示します（ブロードキャストアドレスを宛先としてデータを送信すると、ネットワーク上のすべてのホストが応答を返してきますが、AWS ではその機能はサポートされていません）。

上記の設定が終わったら、［次のステップ：ストレージの追加］をクリックして、次のページに進んでください。

［6］ストレージを設定する

インスタンスで利用する仮想ハードディスク（EBS：Elastic Block Store）を設定します。本書の目的では、ディスクの設定をカスタマイズする必要はないので、デフォルト値のまま、［次のステップ：タグの追加］ボタンをクリックしてください（**図 3-8**）。

Amazon Linux 2 の場合、デフォルトでは、8G バイトのディスクが作成されます。

［7］インスタンスに名前を付ける

インスタンスに名前を付けます。このインスタンスは、次章で Web サーバーとして仕立

CHAPTER3 サーバーを構築する

図 3-8 ストレージの設定

図 3-9 名前を付ける

ていくので、「Web サーバー」と入力してください（図 3-9）。

[8] セキュリティグループを設定する

インスタンスに対して「セキュリティグループ」を構成します。セキュリティグループは、インスタンスにセキュリティを設定する機能です。詳細は「3-4 ファイアウォールで接続制限する」で説明します。ここでは、［セキュリティグループ名］を「WEB-SG」という名前に設定し、他はデフォルトのまま［確認と作成］をクリックしてください（図3-10）。

3-1 仮想サーバーを構築する

図 3-10 セキュリティグループの設定

Column SSH の接続元の設定

　デフォルトのセキュリティグループの構成では、SSH というプロトコルで、どこからでも接続できるように構成されています。

　SSH は、すぐあとに説明するように、サーバーにリモートでログインして、各種操作をするときに用いるものです。ただし、どこからでも SSH が利用できると、悪意ある第三者がサーバーに不正に侵入を試みようとする恐れがあります。

　そのため AWS では、このような設定を推奨しておらず、図 3-10 に示したように、画面には警告が表示されます。

　より安全に使うには、[送信元]の部分を「0.0.0.0」(どこからでもの意味)ではなく、インスタンスを管理するパソコンの IP アドレスだけに制限するようにします。

　もうひとつの方法として、[マイ IP]を選択することもできます。[マイ IP]を選ぶと、いま、AWS マネジメントコンソールで操作しているパソコンのパブリック IP アドレスが設定されます。つまり、そのパソコンからしか接続できなくなります。

　[マイ IP]を選択するときは、自分のパソコンの IP アドレスは、もしかすると変わるかも知れないという点に注意してください。

　日本国内の多くのプロバイダーは、接続のたびに IP アドレスが変わる可能性がある「動的 IP アドレス」を採用しています。そのため、[マイ IP]を選んだときには、プロバイダーに再接続したときに IP アドレスが変わり、接続できなくなってしまう可能性があります(もし接続できなくなったときは、AWS マネジメントコンソールで、セキュリティグループの設定を開き、SSH の送信先で設定されている IP アドレスを変更すれば、接続できるようになります)。

55

CHAPTER3 サーバーを構築する

[起動] をクリック

図 3-11　設定の確認と起動

[9] インスタンスを起動する

　ここまでの設定内容が表示されます（**図3-11**）。[起動] ボタンをクリックしてください。

[10] キーペアを作成してダウンロードする

　最後に、「キーペア」を作成します（**図3-12**）。キーペアは、インスタンスにログインする際に必要となる「鍵」です。これがないと、インスタンスにログインできないので、必ず、取得しなければなりません。

　新しい鍵を作成するため、まず、1つめのプルダウンから [新しいキーペアの作成] を選択します。そして、[キーペア名] に任意の名前を入力します。ここでは「my-key」とします。

　そして、[キーペアのダウンロード] ボタンをクリックすると、「my-key.pem」というファ

3-1 仮想サーバーを構築する

図 3-12　キーペアをダウンロード

イルとしてダウンロードできます。
　ダウンロードしたファイルは、あとでダウンロードし直すことはできません（万一、紛失してしまうと、インスタンスにはログインできなくなります）。紛失しないように注意してください。
　キーペアをダウンロードしたら、［インスタンスの作成］ボタンをクリックしてください。インスタンスが起動します。

> **Memo** 2台目以降のインスタンスを作るときは、その都度、キーペアを作成するのではなく、既存のキーペアを使うこともできます。既存のキーペアを使いたいときは、［既存のキーペアの選択］を選択し、使いたいキーペアを選んでください。

［11］インスタンスの起動
　インスタンスを作成中である旨のメッセージが表示されます（図3-13）。［インスタンスの表示］をクリックすると、インスタンス一覧画面を表示できます。

■インスタンスの確認
　図3-13で［インスタンスの表示］をクリックする、もしくは、EC2のメイン画面から［インスタンス］メニューをクリックすると、インスタンスの状態を確認できます。
　［インスタンスの状態］が、インスタンスの状態を示しています。起動中の場合は、

CHAPTER3 サーバーを構築する

図 3-13 インスタンス起動中のメッセージ

図 3-14 インスタンスを起動しているところ

3-1 仮想サーバーを構築する

図 3-15　インスタンスの起動完了

「pending」となります（**図 3-14**）。

［ステータスチェック］は、起動したインスタンスおよびOSに対するネットワーク疎通が出来ているかのチェックです。

しばらくすると、［インスタンスの状態］が「running」になります。そして［ステータスチェック］が「2/2 チェックに合格しました」となり、OSと正しく通信できていることを確認できます（**図 3-15**）。

> **Column　インスタンスの停止と再開、破棄**
>
> 　インスタンスを利用していないときは、停止すると課金対象から外れ、コストを下げることができます。ただし、インスタンスが用いているストレージである Amazon Elastic Block Store（EBS）は、インスタンスが停止していたとしても、容量を確保してある間は課金の対象です（本書の手順では、Amazon Linux 2 のデフォルトである 8G バイトの EBS を確保しています）。
>
> 　インスタンスを停止するには、右クリックして［インスタンスの状態］メニューの［停止］をクリックします（**図 3-A**）。［開始］をクリックすれば再開できます。ただしこのとき、パブリック IP アドレスが変わります。インスタンスを完全に破棄するには、［削除］をクリックします。するとデフォルトでは、EBS も開放され、一切課金されなくなります。
>
> 　なお、一度削除したインスタンスを復活する方法はないので、操作には十分注意してください。

CHAPTER3 サーバーを構築する

図 3-A　インスタンスを停止する

Column　Amazon Linux

　Amazon Linuxは、AWS社が提供しているLinuxディストリビューションです。Red Hat Enterprise Linux（以下RHEL）をベースとしたもので、AWSを利用するためのコマンドなどが既定でインストールされています。
　Amazon Linuxには、「Amazon Linux」と「Amazon Linux 2」があります。

・Amazon Linux
　RHEL 6系をベースとしたOSです。

・Amazon Linux 2
　RHEL 7系をベースとしたOSです。

　どちらも基本的な操作は同じですが、サービスの起動や停止、自動起動の設定などの方法が異なります。またパッケージに含まれるデータベースが「MySQL」と「MariaDB」という違いもあります。本書では、より新しい「Amazon Linux 2」を利用しています。

3-2 SSHで接続する

それでは起動したインスタンスに、インターネットからログインして操作してみましょう。操作には、SSH（Secure SHell）というプロトコルを使います。

■ **パブリックIPアドレスを確認する**

インスタンスに、インターネット側からアクセスするには、「パブリックIPアドレス」

図 3-16　パブリックIPアドレスを確認する

図 3-17　接続先ホストを入力する

CHAPTER3　サーバーを構築する

を用います。パブリック IP アドレスは、「パブリック IP」の部分で確認できます（**図 3-16**）。

図 3-16 の場合、パブリック IP アドレスは、「18.177.32.60」です。

■SSH で接続する

パブリック IP アドレスがわかったら、この IP アドレスに SSH で接続します。SSH 接続には、SSH クライアントソフトが必要です。Windows では、「Tera Term（http://sourceforge.jp/projects/ttssh2/）」 や「PuTTY（http://www.chiark.greenend.org.uk/~sgtatham/putty/）」などのソフトを使います。Mac の場合は、標準のターミナルから SSH クライアントを起動できます。本書では、Windows の場合は「Tera Term」を、Mac の場合は標準のターミナルを利用します。

●Windows の Tera Term で接続する

Tera Term で接続するには、次のようにします。

【手順】Tera Term でインスタンスに接続する
［1］接続先ホストを入力する

Tera Term を起動し、［ホスト］の部分に、図 3-16 で確認した「パブリック IP」を入力します。［サービス］は［SSH］にします。

他の項目はデフォルトにし、［OK］ボタンをクリックしてください（**図 3-17**）。

［2］セキュリティ警告を確認する

セキュリティ警告画面が表示されるので、［続行］ボタンをクリックしてください（**図 3-18**）。

この警告は、「見知らぬサーバーに接続するとき」に表示されるものです。［このホストを known hosts に追加する］にチェックを付けておくと、次回以降、この画面が表示されなくなります。

［3］ログインユーザーとキーペアファイルの設定

ログインユーザーの情報を入力します。Amazon Linux 2 の場合、「ec2-user」というデフォルトのユーザーがあらかじめ設定されているので、そのユーザーでログインします。

認証情報として、先ほどダウンロードした「キーペアファイル」（my-key.pem）を選択します。

ファイルを選択するダイアログボックスでは、デフォルトで、拡張子「*.pem」のファイルが表示されないため、プルダウンメニューから［すべてのファイル（*.*）］を先に選択しないといけない点に注意してください（**図 3-19**）。

62

3-2 SSHで接続する

図3-18 セキュリティ警告を確認する

図3-19 ログインユーザー情報の設定

CHAPTER3 サーバーを構築する

> **Memo** ec2-user ユーザーは、Amazon Linux 2 において、「sudo コマンド」で root ユーザー（管理者ユーザー）になることができるユーザーです。

［4］接続の完了

インスタンスのウェルカムメッセージが表示され、各種コマンドを入力できる状態になります（**図 3-20**）。

図 3-20 Tera Term での接続の完了

3-2 SSH で接続する

●Mac のターミナルで接続する

Mac の場合は、標準のターミナルを用いて、次のように接続します。

【手順】ターミナルでインスタンスに接続する

[1] ターミナルを起動する

[アプリケーション] の [ユーティリティ] から、ターミナルを起動してください。

[2] 接続のコマンドを入力する

ターミナルから、次のコマンドを入力します。

```
$ ssh -i my-key.pem ec2-user@18.177.32.60
```

ここで -i オプションで指定している「my-key.pem」は、ダウンロードしたキーペアファイルです。

「ec2-user@18.177.32.60」は、接続するユーザー名と IP アドレスです。「18.177.32.60」の部分は、図 3-16 で確認した、自分のインスタンスのパブリック IP に合わせてください。

Column 鍵ファイルのパーミッション

ssh コマンドで接続したときに、次のメッセージが表示されて、接続できないことがあります。

```
@@@@@@@@@@@@@@@@@@@@@@@@@@@@@@@@@@@@@@@@@@@@@@@@@@@@@@@@@@@
@             WARNING: UNPROTECTED PRIVATE KEY FILE!            @
@@@@@@@@@@@@@@@@@@@@@@@@@@@@@@@@@@@@@@@@@@@@@@@@@@@@@@@@@@@
Permissions 0644 for 'my-key.pem' are too open.
It is required that your private key files are NOT accessible by others.
This private key will be ignored.
bad permissions: ignore key: my-key.pem
Permission denied (publickey).
```

これは、鍵ファイルのパーミッションが、他のユーザーも閲覧できる状態になっているのが理由です。

次のように、chmod コマンドを実行し、自分だけしか読み込めない（400 の「4」は、読み込み属性しか付いていないことを示す）ようにしてください。

```
$ chmod 400 my-key.pem
```

---

[3] セキュリティ警告に答える

初回の接続に限って、

```
The authenticity of host '18.177.32.60 (18.177.32.60)' can't be established.
ECDSA key fingerprint is SHA256:tN0T5ohoc6uFv9hJ9AdAT9XVchhxarSojGY/L8412Ws.
Are you sure you want to continue connecting (yes/no)?
```

と尋ねられるので、「yes［Enter］」と入力してください。

[4] 接続の完了

　インスタンスのウェルカムメッセージが表示され、各種コマンドを入力できる状態になります（**図3-21**）。

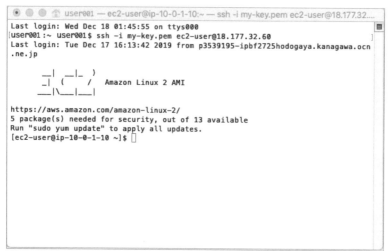

図 3-21 ターミナルでの接続完了

Column　パブリックIPアドレスを固定化する

　インスタンスに割り当てられるパブリックIPアドレスは、デフォルトでは、起動／停止するたびに別のIPアドレスが振り当てられる「動的IPアドレス」です。サーバーを運用するときは、このIPアドレスを固定化したいことがあるかも知れません。IPアドレスを固定化したいときは、Amazon EC2の「Elastic IP」という機能を使って、次の手順で設定します。

【手順】パブリックIPアドレスを固定化する
[1] Elastic IPを確保する

　［Elastic IP］メニューをクリックして開きます。［Elastic IPアドレスの割り当て］ボタンをクリックすると（**図 3-B**）、Elastic IPアドレスの割り当てのページが開くので［割り当て］をクリックしてIPアドレスを確保します（**図 3-C**）。すると、確保したIPアドレスが表示されます（**図 3-D**）。

3-2　SSHで接続する

[2] インスタンスに割り当てる

　[1] で確保した IP アドレスをインスタンスに割り当てます。そのためには、確保した IP アドレスをクリックして選択し、[アクション] から [Elastic IP アドレスの関連付け] ボタンをクリックします (**図 3-E**)。すると割当先を訪ねられるので、割り当てたいインスタンスを選択します。[関連付ける] ボタンをクリックすると、[1] の IP アドレスが割り当てられます (**図 3-F**)。この IP アドレスは、インスタンスを停止して起動し直しても、変わることはありません。なお、使わなくなった Elastic IP アドレスは、[アクション] から [Elastic IP アドレスの解放] ボタンをクリックすると解放できます。

図 3-B　IP アドレスを確保する

図 3-C　Elastic IP アドレスを割り当てる

> **Memo**　[再関連付け] は、すでに Elastic IP がインスタンスに設定されていたとき、それを置き換えるか、それともエラーにするかどうかの設定です。チェックを付けなくてかまいません。

CHAPTER3　サーバーを構築する

図 3-D　割り当てられた IP アドレス

図 3-E　IP アドレスをインスタンスに割り当てる

図 3-F　インスタンスを選択する

3-3 IP アドレスとポート番号

　ここまで操作してきたように、Tera Term やターミナルを使って SSH 接続すると、リモートからサーバー（インスタンス）にログインして、各種コマンドを実行できます。

　ではなぜ、このようなことが実現できているのでしょうか？　もう少し、深く探っていきましょう。

■パケットを相手に届けるためのルーティングプロトコル

　Tera Term やターミナルで SSH 接続するときには、接続先として、「相手先の IP アドレス」を入力しました。

　「2-4　インターネット回線とルーティング」では、指定した IP アドレスへのデータはパケット化され、ルーターのルートテーブルを使って、バケツリレーのような形で相手先に届くと説明しました。SSH 接続の場合も例外ではなく、パケットとして相手先へと送られます。

　バケツリレーを実現するには、それぞれのルーターが、相手先の IP アドレスをもつサブネットが、どこにあるのかを知っている必要があります。

　たとえば、CHAPTER2 の図 2-15 で示した CIDR0、CIDR1、CIDR2、CIDR3 の 4 つのサブネットで構成されたネットワークの「ルーター 2」の部分に、新たに「CIDR4」というネットワークを追加したとしましょう（**図 3-22**）。この CIDR4 というネットワークには、「IP アドレス C」をもつサーバーが存在するとします。

　新たなネットワークを追加するとき、ネットワーク管理者は、その情報をルートテーブルに追加します。つまり、ルーター 2 には、CIDR4 宛のルートテーブルを追加します。この作業によって、ルーター 2 からは、CIDR4 内にあるサーバーの IP アドレス C へと到達できるようになります。

　一方、ルーター 2 の先にあるルーター 1 は、まだ、ルーター 2 の下に CIDR4 が追加されたことを知りません。

　そのため、ルーター 1 に接続されているクライアントから、IP アドレス C へとパケットを送信しても、それがルーター 2 へと転送されないため、サーバーに届きません。

　簡単な解決策は、ルーター 2 の管理者が、「自分の下に CIDR4 が追加された」とルーター 1 の管理者に連絡し、ルーター 1 に対して、そのルートテーブルを追加してもらうことです。

　小規模なネットワークなら、このような手作業で対応できます。しかしインターネットは、無数のルーターで接続されており、かつ、そのネットワークは刻一刻と変更されているため、とても手動では対応が追いつきません。

　そこでインターネットでは、ルーター同士が通信してルートテーブルの情報をやりとり

し、必要に応じて自動的に更新するようにしています。

これはルーティングプロトコルと呼ばれる仕組みで実現されており、大きく分けて「EGP」と「IGP」という2つの種別から成り立っています（図 3-23）。

① EGP（Exterior Gateway Protocol）

ISP（インターネットサービスプロバイダー）や AWS などの「ある程度大きなネットワーク」は、そのネットワークを管理する「AS 番号（Autonomous System）」という番号をもっています。

EGP では、この AS 番号をやりとりして、「どのネットワークの先に、どのネットワークが接続されているのか」を、大まかにやりとりします。

図 3-22　ルーター1は、ルーター2の配下に CIDR4 が追加されたことを知らない

② IGP（Interior Gateway Protocol）
　上記の①の内部のルーター同士で、ルートテーブルの情報をやりとりします。つまり、プロバイダーやAWSの内部での、詳細なやりとりに使われます。

　実際には、EGPでは、「BGP（Border Gateway Protocol（BGP-4））」などが使われます。IGPも、「OSPF（Open Shortest Path First）」や「RIP（Routing Information Protocol）」などがあり、ネットワークの規模や利用しているネットワーク機器、必要とするセキュリティ要件などによって、使い分けられています。
　郵便にたとえると、「日本」や「東京都」と言った大まかな情報をEGPで情報交換し、それ以降は各地域の郵便局がIGPで情報交換する、という階層化された仕組みだと言えます。
　こういった仕組みで、インターネット上のルーティング情報は、末端まで更新されています。ですから、相手のIPアドレスさえわかれば、パケットを届けることができます。

図 3-23　EGP と IGP の使い分け

■サーバー側のサービスとポート番号の関係

では、Tera Termやターミナルを使ってSSHで接続すると、サーバーが応答してユーザー認証され、正しいユーザーであれば、ログインしてコマンドを入力してサーバーを操作できるようになるのは、なぜでしょうか？

その答えは、サーバー上で、ユーザーからのコマンドを受け付けるためのソフトが動いているからです。

具体的なプログラム名で言うと、「sshd」というプログラムが、それに相当します。

> **Memo** sshdは、SSH接続を受け入れるプログラムです。Amazon Linuxでは、サーバーが起動する際に、自動的にsshdも起動するように構成されています。

TCP/IPで通信するサーバーなどの機器には、「他のコンピュータと、データを送受信するためのデータの出入口」が用意されています。これを「ポート (Port)」と言います。ポートは、0から65535まであります。

ポートがあるおかげで、1つのIPアドレスに対して、複数のアプリケーションが同時に通信できます。郵便で言うと、マンションの部屋番号のような概念になります（**図 3-24**）。

ポートには、「相手にデータが届いたことを保証するTCP（Transmission Control

図 3-24 ポートを指定して目的のアプリケーションに届ける

Protocol)」と「確認せずに送信する（その代わりに高速な）UDP（User Datagram Protocol）」の2種類があります。TCPとUDPの違いについては、CHAPTER9で説明します。

●待ち受けているポート番号とプログラムを確認する

　いま挙げた「sshdというプログラム」も、サーバー上で通信を待ち受けているアプリケーションのひとつです。いずれかのポートに結びつけられています。

　どのポート番号で、どのプログラムが待ち受けているのかは、lsofコマンドを使って調べられます。SSHで接続したあと、次のように入力してください。

```
[ec2-user@ip-10-0-1-10 ~]$ sudo lsof -i -n -P
```

Memo ここで提示した「[ec2-user@ip-10-0-1-10 ~]$」は、コマンドプロンプトです。実際に入力するのは、sudo以降です。コマンドプロンプトには、サーバー名などが記述されるため、環境によって異なります。そこで以下、「[ec2-user@ip-10-0-1-10 ~]$」ではなく、「$」とだけ記述します。sudoコマンドは、コマンドをrootユーザー（Linuxにおける管理者ユーザー）で実行するためのものです。サーバー上で、どのプログラムがどのポート番号で待ち受けしているのかがわかると、セキュリティ上の懸念があります。そこでlsofコマンドは、rootユーザーで実行しないと、一部の情報しか表示されないようになっています。そのため、全情報を表示するには、sudoコマンドを経由しての実行が必要となります。

　lsofコマンドを実行すると、次のように表示されます。

```
COMMAND     PID    USER   FD   TYPE DEVICE SIZE/OFF NODE NAME
dhclient    1017   root    5u  IPv4   6313     0t0  UDP *:68
sshd        1147   root    3u  IPv4   7115     0t0  TCP *:22 (LISTEN)
sshd        1147   root    4u  IPv6   7117     0t0  TCP *:22 (LISTEN)
ntpd        1165   ntp    16u  IPv4   7175     0t0  UDP *:123
ntpd        1165   ntp    17u  IPv4   7179     0t0  UDP 127.0.0.1:123
ntpd        1165   ntp    18u  IPv4   7180     0t0  UDP 10.0.1.10:123
sendmail    1180   root    4u  IPv4   7255     0t0  TCP 127.0.0.1:25 (LISTEN)
sshd       12694   root    3u  IPv4  76942     0t0  TCP 10.0.1.10:22->自分のIPア
ドレス:XXXXX (ESTABLISHED)
sshd       12696 ec2-user  3u  IPv4  76942     0t0  TCP 10.0.1.10:22->自分のIPア
ドレス:XXXXX (ESTABLISHED)
```

Memo PIDやDEVICEなどの値は、実行するタイミングやサーバーの構成によって異なります。

　この結果のうち、行の最後に「LISTEN」と書かれているのが「他のコンピュータからの待ち受けをしているポート」、「ESTABLISHED」と書かれているのが「相手と現在、

CHAPTER3　サーバーを構築する

通信中のポート」を示します。

　どちらでもないものは、「UDP のデータ」です（UDP は、データを送りっぱなしで相手の確認をとらないため、「通信中」という概念がありません）。

　LISTEN 状態であるのは、次の 2 つです。

① TCP のポート 22

```
sshd       1147      root      3u  IPv4   7115       0t0  TCP *:22 (LISTEN)
sshd       1147      root      4u  IPv6   7117       0t0  TCP *:22 (LISTEN)
```

　「sshd」というプログラムが動作しています。すでに説明したように、これは Tera Term やターミナルからの SSH 接続を待ち受け、リモートからのコマンド操作を可能とします。

　「*:22」の「*」は、「すべての IP アドレスを接続元として受け付ける」という意味です。

② TCP のポート 25

```
sendmail 1180      root      4u  IPv4   7255       0t0  TCP 127.0.0.1:25 (LISTEN)
```

　「sendmail」というプログラムが動作しています。このプログラムは、「メールの送信や転送」を担当します。

　SSH と違って、接続元は「*」ではなく、「127.0.0.1」です。「127.0.0.1」は、「ループバックアドレス（loopback address）」と呼ばれ、「自分自身」を示す特別な IP アドレスです。

　つまり、このポートは、「他のコンピュータからの接続は受け付けない」という意味になります。

Memo メールの送信や転送を他のコンピュータから受け入れると、迷惑メールを送信する踏み台とされてしまう恐れがあります。そのためデフォルトでは、メールの送信や転送は、「このサーバーから発信するメール」しか送信できないように構成されています。

●ウェルノウンポート番号

　このようにサーバー上では、ポート 22 番で sshd が起動しています。ですから、ポート 22 番に接続すれば、SSH サーバーに接続できます。

　実際、Tera Term の接続画面には、**図 3-25** のように、接続先のポート番号として「22 番」を設定する項目があります。

　では、Mac のターミナルで接続した場合は、どうでしょうか。このときは、ポート番号

図 3-25 Tera Term の接続画面

図 3-26 Mac のターミナルで SSH 接続するときのコマンドライン

を指定していません（**図 3-26**）。

　なぜ、Mac の場合、ポート 22 番を接続しなくてもつながるのでしょうか？

　実は SSH で使われている「ポート 22 番」は、「ウェルノウンポート（Well Know Port：良く知られているポート）」と呼ばれ、「代表的なアプリケーションが使うポート番号」として、あらかじめ定められたものなのです。

　ウェルノウンポートは、ポート番号 0 〜 1023 までのいずれかの値をとり、たとえば、「SSH は 22 番」「SMTP は 25 番」「HTTP は 80 番」「HTTPS は 443 番」というように、用途（アプリケーション）ごとに、ポート番号が決まっています。

　クライアントが接続先のポート番号を省略したときは、このウェルノウンポートが使われるので、明示的に指定しなくてもよいのです。

> **Memo** SMTP は、メールの送信や受信に使われるプロトコルです。HTTP は暗号化されていない Web 通信（http://）、HTTPS は暗号化された Web 通信（https://）に、それぞれ使われるプロトコルです。

●接続元のコンピュータにも適当なポート番号が付けられる

　ところで、lsof コマンドで表示された「ESTABLISHED」の表示を、もう少し、詳しく

見てみましょう。

```
sshd      12696 ec2-user    3u   IPv4   76942      0t0   TCP 10.0.1.10:22->自分のＩＰ
アドレス:XXXXX (ESTABLISHED)
```

　これは、いま操作している「SSH接続自体」を示しています。上記で「自分のIPアドレス:XXXXX」と記述したところは、たとえば、「210.1.2.3:65432」のような書式をしています（210.1.2.3は自分のIPアドレス、65432はランダムな番号で、一例にすぎません）。この「65432」というのも、また、ポート番号です。Tera Termやターミナルは、クライアント側で、このポート番号を開いています。

　TCP/IPのポート番号は、サーバー側だけでなく、クライアント側にもあります。クライアント側のポート番号は、未使用のランダムなものが使われます。このようなクライアント側で使われる、一時的なランダムなポート番号のことを「エフェメラルポート（ephemeral ports）」と言います。エフェメラルポートは、サーバーと接続している間だけ使われ、切断すると開放されます。

　エフェメラルポートは、「サーバーからクライアント」に向けてデータを送信する際に必要です。なぜなら、クライアント上でもたくさんのアプリケーションが動いており、IPアドレスとともにポート番号を指定しなければ、そのアプリケーションにデータを届けることができないからです（図3-27）。

図3-27　エフェメラルポート

3-4 ファイアウォールで接続制限する

　このような「IPアドレス」と「ポート番号」の理解は、サーバーやネットワークのセキュリティを高めるのに役立ちます。

　セキュリティを高めるには、「ファイアウォール」を設けることが効果的です。

　ファイアウォールというのは、「通してよいデータだけを通して、それ以外を遮断する機能」の総称です。そのもっとも簡単な構造のものが、「パケットフィルタリング（Packet Filtering）」です。

■パケットフィルタリング

　パケットフィルタリングは、流れるパケットを見て、通過の可否を決める仕組みです。

　パケットには、「IPアドレス」のほか「ポート番号」も含まれています。パケットフィルタリングは、「IPアドレス」と「ポート番号」など、パケットに付随する各種情報を見て、通過の可否を決めます。

> **Memo** パケットフィルタリングでは、「IPアドレス」「ポート番号」以外にも、「通信種別の区別（ICMP、TCP、UDPなど）」、「通信の方向（CHAPTER9で説明するTCPの3ウェイハンドシェイクの向き）」などを、通過の可否の判断材料にできます。

　IPアドレスを判定して、「特定のIPアドレスを送信元とするパケット以外を除外するようにする」ように構成すれば、接続元を制限できます。

　そして、ポート番号を制限すれば、特定のアプリケーションを外部から接続できないように構成できます。

　たとえば本書では、CHAPTER8でデータベース機能を提供する「MariaDB」というデータベースソフトを使います。このデータベースソフトは、ポート3306番で待ち受けています。

　デフォルトのままだと、誰もがデータベースにアクセスできてしまうため、セキュリティ上、好ましくありません。そこでパケットフィルタリングを構成して、ポート3306番を除外するように構成します（図3-28）。

■インスタンスのセキュリティグループ

　実世界でパケットフィルタリングを構成するのは、ルーターやサーバー、もしくは専用のファイアウォール機器です。

　AWSでは、インスタンスに対して構成する「セキュリティグループ」が、この機能を担当します。本書では、インスタンスを構成するときに、「WEB-SG」というセキュリティ

CHAPTER3 サーバーを構築する

図 3-28 パケットフィルタリング

図 3-29 セキュリティグループの構成を確認する

グループを作りました。

セキュリティグループの構成は、[セキュリティグループ]メニューから確認できます（図3-29）。

デフォルトの構成では、
・ポート 22 に対して、すべての通信（0.0.0.0/0）を許可する
という設定がありますが、それ以外の設定はありません。

つまり、ポート 22 を用いている SSH だけが通信でき、それ以外の通信はできません。

本書では、以降、この章で作成したインスタンスに、Web サーバーソフトなどをインストールしていきますが、デフォルトのセキュリティグループの設定では、たとえ、Web サーバーソフトをインストールしたとしても、阻まれて通信できません（図 3-30）。

図 3-30 セキュリティグループとインスタンスの関係

　そこで以降、必要に応じて、ソフトウエアのインストールとともに、セキュリティグループの構成も変更していきます。

Memo セキュリティグループの設定には、「インバウンド」と「アウトバウンド」の2つがあります。前者は「外から、このインスタンスに接続する向き」、後者は「このインスタンスから外側に出て行く向き」です。ここでは、「誰かが接続しようとしているのを排除する」という目的で、インバウンドだけ説明しています。実際には、「サーバーから、他のコンピュータに接続しようとするのを防ぐ」という目的で、アウトバウンドの設定をすることもできます。

CHAPTER3　サーバーを構築する

3-5　まとめ

　この章では、前章で作成した「パブリックサブネット」のなかに、1台のインスタンスを作りました。

　作成したインスタンスには、「パブリックIPアドレス」と「プライベートIPアドレス」の2つのIPアドレスを設定しました。

　パブリックIPアドレスはインターネットで通信するときに使うIPアドレスであり、起動時に自動設定されます。プライベートIPアドレスはVPC領域の通信でだけ使うものです。「10.0.1.10」を割り当てました（**図3-31**）。

　またこの章では、インスタンスをリモートで操作するために、Tera Termやターミナルを用いてSSH接続する方法も説明しました。

図3-31　この章で作成したインスタンスの状態

80

その操作のなかで、次のことを学びました。

①ルーティング情報のやりとり

インターネットでは、「EGP」と「IGP」という 2 種類の方法で、互いに、どのネットワークの先に、どのネットワークが存在するのかというルーティング情報をやりとりしています。

②ポート

TCP/IP で通信するときには、「ポート」という 0 ～ 65535 番まで割り当てられた、データの出入口を使います。

③パケットフィルタリングとセキュリティグループ

パケットフィルタリングは、IP アドレスやポート番号などを基準にして、パケット通過の可否を決める仕組みです。EC2 では、セキュリティグループとして設定します。

次の章では、このインスタンスに、Web サーバーソフトをインストールすることで、Web サーバーとして動作させていきます。

CHAPTER4 Web サーバーソフトをインストールする

CHAPTER4
Web サーバーソフトをインストールする

　前章では、サブネットのなかにサーバーを構築し、SSH を用いて接続できるようにしました。この章では、構築したサーバーに Web サーバーソフトをインストールすることで、Web サーバーとしてインターネットに公開します。

4-1　Apache HTTP Server のインストール

　サーバーを Web サーバーとして機能させるには、「Web サーバーソフト」をインストールします。すると、Web ブラウザなどからの要求を受け取り、サーバー上のコンテンツを返したり、サーバー上で Web アプリケーションを実行したりできるようになります。

　本書では、Web サーバーソフトとして、「Apache HTTP Server（以下、Apache）」を用います。

　Apache は、オープンソースで提供されている、世界で最も多く利用されている Web サーバーソフトです。この章では、前章で作成したサーバーに、この Apache をインストールします（**図 4-1**）。

■サーバーに Apache をインストールする
　では実際に、サーバーに Apache をインストールしましょう。次のように操作してください。

【手順】サーバーに Apache をインストールする
［1］インスタンスにログインする
　「3-2　SSH で接続する」を参照して、インスタンスに SSH でログインしてください。

［2］Apache をインストールする
　次のコマンドを入力して、Apache をインストールしてください。

```
$ sudo yum -y install httpd
```

4-1　Apache HTTP Server のインストール

図 4-1　サーバーに Apache をインストールする

　yum コマンドは、アプリケーションをダウンロードしてインストールしたり、アンインストールしたりするときに用いる管理者コマンドです。

　ここで指定している「httpd」は、Apache を構成する実行ファイル名です。つまり、このコマンドによって、Apache がインストールされます。

　なお、「-y オプション」は、ユーザーの確認なしにすぐインストールする指定です。

> **Memo** sudo コマンドは、指定したコマンドを管理者権限（root 権限）で実行するためのものです。「3-2　SSH で接続する」で説明した通り、インスタンスには、ec2-user ユーザーでログインします。ec2-user ユーザーは、管理者（root ユーザー）ではありません。そのため、管理者権限が必要な場合は、ここで示したように、sudo コマンドを付けて実行します。

[3] Apache を起動する

　次のコマンドを入力して、Apache を起動してください。

CHAPTER4 Web サーバーソフトをインストールする

```
$ sudo systemctl start httpd.service
```

　systemctl コマンドは、指定したコマンド（ここでは httpd なので Apache 本体）を「起動（start）」「停止（stop）」「再起動（restart）」するコマンドです。
　ここでは「start」を指定しているので、Apache が起動します。

[4] 自動起動するように構成する
　これで Apache が起動しますが、サーバーを再起動すると、また停止してしまいます。
　そこでサーバーが起動するときに、Apache も自動的に起動するように構成しましょう。自動起動するように構成するには、次のコマンドを入力します。

```
$ sudo systemctl enable httpd.service
```

　systemctl コマンドは、自動起動について「設定（enable）」「設定解除（disable）」「設定の確認（list-unit-files）」を指定するコマンドです。上記では、httpd を enable に指定しているので、サーバーが起動したときに Apache が自動起動するように構成されます。

Memo 正しく構成されたかどうかは、次のように実行すると確認できます。

```
$ sudo systemctl list-unit-files -t service
```

　結果は、次のようになるはずです。

　この結果において、httpd.service が「enabled」であれば、自動起動が有効になっています。

84

■Apache のプロセスを確認する

　以上で、Apache をインストールして、その実行ファイルである httpd が起動したはず
です。確認してみましょう。

　ここでは、次の2つの方法で確認します。

①プロセスを確認する

　Apache は httpd というファイルが実行コマンドです。もし実行中であるなら、この
httpd のプロセスが、サーバー上に存在するはずです。

　Linux システムでは、ps コマンドを使うと、実行中のプロセスを確認できます。次のよ
うに入力してください。

```
$ ps -ax
```

　「-ax」オプションは、「-a（すべてのプロセスを表示する）」「-x（他の端末に結びつけら
れているプロセスも表示する）」の組み合わせです。

　-ax オプションを指定して実行すると、サーバー上で動作しているすべてのプロセスが
表示されます。たくさんあると思いますが、そのなかに、次のように httpd が存在するか
を確認してください（先頭の数字は環境によって異なります）。

✍Memo 「ps -ax」と入力する代わりに、「ps -ax | grep httpd」と入力すると、「httpd を含む行」
だけを出力でき、見つけやすくなります。

```
12134 ?        Ss     0:00 /usr/sbin/httpd -DFORGROUND
```

　このような行が表示されていれば、サーバー上で Apache（httpd プロセス）が動いて
います。

　なお、先頭に表示されている数字は、「プロセス番号（PID）」と呼び、プロセスを区別
するために自動的に付けられる番号です。

　ここでは「12134」という番号で提示しましたが、実際に、どのような番号になるのかは、
環境によって異なります。

✍Memo プロセス番号は、プロセスを終了（kill コマンドで終了できます）したり、プロセスに何か
通知を送信したりするときに使われます。

CHAPTER4 Web サーバーソフトをインストールする

②ネットワークの待ち受け状態を確認する

　エンドユーザーが Web ブラウザを通じて、このサーバーにアクセスすると、Apache（httpd）はそれに対応するコンテンツを返します。これを実現するため、httpd は、ポートを開けて待機しています。

　「3-3　IP アドレスとポート番号」で調査したのと同様に、lsof コマンドを使って、ポートの状況を調べてみましょう。次のように入力してください。

```
$ sudo lsof -i -n -P
```

　すると、結果のなかに、次のように httpd が存在することがわかります（プロセス番号は、環境によって異なります）。

```
httpd    12134    root     4u   IPv6 371704         0t0  TCP *:80 (LISTEN)
httpd    12136    apache   4u   IPv6 371704         0t0  TCP *:80 (LISTEN)
httpd    12137    apache   4u   IPv6 371704         0t0  TCP *:80 (LISTEN)
httpd    12138    apache   4u   IPv6 371704         0t0  TCP *:80 (LISTEN)
httpd    12139    apache   4u   IPv6 371704         0t0  TCP *:80 (LISTEN)
httpd    12140    apache   4u   IPv6 371704         0t0  TCP *:80 (LISTEN)
httpd    12141    apache   4u   IPv6 371704         0t0  TCP *:80 (LISTEN)
httpd    12142    apache   4u   IPv6 371704         0t0  TCP *:80 (LISTEN)
httpd    12143    apache   4u   IPv6 371704         0t0  TCP *:80 (LISTEN)
```

　「TCP *:80」と表示されていることから、Apache はポート 80 番で待ち受けていることがわかります。ポート 80 番は、Web 通信で用いる「HTTP（Hyper Text Transfer Protocol）」のウェルノウンポートです。

Memo lsof コマンドの結果を見ると、「IPv6」で待ち受けしており、「IPv4」では待ち受けしていないようにも見えます。しかし実際には、IPv6 仕様の「IPv4 互換アドレス」で接続したときにも、応答を返すように構成されており、IPv6 と IPv4 のどちらでも通信できます。

Memo Web サーバーでは、ここで提示した「ポート 80 番」以外に、暗号化通信（SSL 通信。「https://」でアクセスする通信）のために、「ポート 443 番」も利用します。しかし暗号化通信機能は、デフォルトではオフになっており、暗号化に用いる「SSL 証明書」の設定をしないと有効にならないことから、本書での説明は割愛します。

4-2 ファイアウォールを設定する

Apacheをインストールして起動したので、このサーバーはWebサーバーとして機能しているはずです。

実際に、Webブラウザを使ってアクセスしてみましょう。

■**Webサーバーに接続する**

WebブラウザからWebサーバーに接続するときには、接続先のパブリックIPアドレスを指定します。

AWSマネジメントコンソールのEC2タブで、［インスタンス］メニューを開いてインスタンス一覧を表示し、アクセス先のインスタンスの「パブリックIPアドレス」を確認しましょう（図4-2）。

確認したら、Webブラウザで、そのIPアドレスに接続します（図4-3）。

しかし残念ながら、このままでは接続できないはずです。

■**ファイアウォールを構成する**

接続できないのは、ポート80番がファイアウォールによってブロックされているからです。

Amazon EC2において、ファイアウォール機能を構成するのは、「セキュリティグループ」という機能です（「3-4 ファイアウォールで接続制限する」を参照）。

図4-2 パブリックIPアドレスを確認する

CHAPTER4　Webサーバーソフトをインストールする

図 4-3　パブリック IP アドレスに接続したところ

図 4-4　セキュリティグループによる通信制限

　「3-1　仮想サーバーを構築する」では、インスタンスを作成するときに、「WEB-SG」という名前のセキュリティグループを適用し、「ポート22番だけを通して、それ以外は通さない」という設定をしてあります。そのため、Apache が待ち受けているポート80番がブロックされて、通信できません（**図 4-4**）。
　ファイアウォールを設定変更して、ブロックされているポートで通信できるようにする操作を、「ポートを開ける」や「ポートを開く」、「ポートを通す」などと表現します。
　「WEB-SG」というセキュリティグループの設定を変更し、ポート80番を開けるには、次のようにします。

4-2　ファイアウォールを設定する

【手順】ポート80番を開ける
[1] セキュリティグループの設定画面を開く
　　AWSマネジメントコンソールのEC2タブの[セキュリティグループ]をクリックすると、セキュリティグループ一覧が表示されます。

図 4-5　セキュリティグループの設定画面を開く

図 4-6　ポート80番を開ける設定を追加する

89

CHAPTER4　Webサーバーソフトをインストールする

　CHAPTER3に示した手順でインスタンスを作成した場合、「WEB-SG」というセキュリティグループがあるはずなので、それをクリックしてチェックを付けてください（**図4-5**）。

［2］ポート80番はすべてのホストからの通信を許可する
　「外側から入ってくるパケット」のファイアウォールは、［インバウンド］タブで設定します。まずは、［インバウンド］タブをクリックして開いてください。
　［編集］ボタンをクリックすると、［インバウンドルールの編集］ダイアログが開きます。［タイプ］で［カスタムTCPルール］を選択し、［ポート範囲］には「80」と入力します。
　そして「ソース」には、「すべてのホスト」を示す「0.0.0.0/0」と入力します。
　最後に、［保存］ボタンをクリックして、この設定を保存してください（**図4-6**）。

> **Memo**　HTTP通信を許可するときは、［カスタムTCPルール］ではなく［HTTP］を選択する方法もあります。［HTTP］の選択肢は、「TCPのポート80番を開ける設定をする」ためのものなので、どちらで設定しても、結果は同じです。

　以上の設定で、ポート80番が通るようになりました（**図4-7**）。
　もう一度、Webブラウザで接続してみてください。今度は、Apacheのデフォルトのページが表示されるはずです（**図4-8**）。

図4-7　設定変更を反映する

図 4-8 表示された Apache のデフォルトページ

> **Memo** Apache のデフォルトの構成では、/var/www/html ディレクトリの内容が Web ブラウザに出力されます。ただし、このディレクトリが空の場合は、/var/www/error/noindex.html が出力されます。図 4-8 に表示されているのは、noindex.html ファイルの内容です。

4-3 ドメイン名と名前解決

　このように、Web ブラウザにパブリック IP アドレスを入力することで、Web サイトにアクセスできます。

　しかし一般に、Web サイトにアクセスするときに直接パブリック IP アドレスを指定することは、ほとんどありません。なぜなら、単なる数字である IP アドレスは、覚えにくいからです。ほとんどの場合、「www.example.co.jp」などのドメイン名を用いてアクセスするはずです。

　では、ドメイン名を利用するには、どのようにすればよいのでしょうか？

■ ドメイン名の構造

　ドメイン名は、IP アドレスと同様に、Web サーバーやメールサーバーなどの「インター

ネット上の住所」に相当するものです。英数字（もしくは日本語）で構成された名称で、IPアドレスのような数字に比べて、簡単に覚えられます。

ドメイン名は、IPアドレスと同様に、サーバーなどを指し示すものなので、一意性が保証される必要があります。

●ドメインの階層

ドメイン名は、ピリオドで区切られた構造をしています。ピリオドで区切られた部分を「ラベル」と言います。

もっとも右側のラベルを「トップレベルドメイン」と呼び、以下、左に向かって、「第2レベルドメイン」「第3レベルドメイン」と呼びます（**図4-9**）。

ドメインの階層をツリーで表現すると、**図4-10**のようになります。

一番上の「ルート（root）」と呼ばれる部分を頂点とし、下の階層へと広がります。

ルートの直下には、「jp」「com」「net」などのトップレベルドメインが配置されます。そのさらに下に、「第2レベルドメイン」「第3レベルドメイン」と続きます。

あるドメインの下に、ドメインを新設する場合は、必ず、異なるラベルを付けます。そ

図4-9　ドメイン名の構成

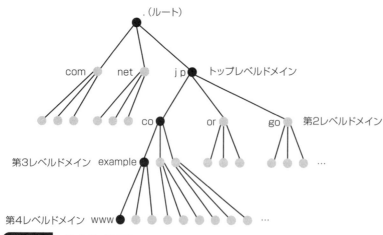

図4-10　ドメイン名空間

うすることで、ドメイン名空間を構成するすべてのドメイン名は、一意性が保証されます。

●ドメインの管理

　ドメイン名は、IPアドレスと同様にICANNが統括管理しており、トップレベルのドメイン名ごとに、それぞれの事業者が管理しています。

　たとえば、トップレベルが「com」「net」のドメイン名はVerisignが、「jp」のドメイン名は、JPRS（JaPan Registry Services、日本レジストリサービス）が管理しています。これらの管理組織のことを「レジストリ」と言います。

　企業や個人などがドメイン名を利用するときには、これらのレジストリ配下の「指定事業者」に申請します。すると、ドメイン名を利用できるようになります（図4-11）。

■DNSによる名前解決

　TCP/IPの世界では、相手先を確認するのは、あくまでも「IPアドレス」です。ドメイン名でアクセスするときも、最終的にIPアドレスに変換して接続します。

　そのときに使われる仕組みが、「DNS（Domain Name System）」です。DNSを用いて、あるドメイン名から、それに対応するIPアドレスを引き出すことを「名前解決」と呼びます。

　「IPアドレス」と「ドメイン名」を変換するのは「DNSサーバー」です。DNSのシステ

図4-11　ドメイン名の管理

CHAPTER4 Webサーバーソフトをインストールする

ムは、世界中に分散したDNSサーバー群で構成された、大きな分散型データベースです。それぞれのDNSサーバーは、「自分が担当する範囲のIPアドレスとドメイン名の変換」だけをします。管轄外の名前解決が必要になったときは、他のDNSサーバーへと問い合わせを転送します。

DNSサーバーは、このようなドメイン名の名前解決をするため、「DNSリゾルバ（resolver：解決の意味）」と呼ばれることもあります。

名前解決は、「ルートDNSサーバー」から始まり、「トップレベルドメインのDNSサーバー」「第2レベルのDNSサーバー」「第3レベルのDNSサーバー」というように、階層的に処理されます（**図4-12**）。

このように階層的に処理することで、どのようなドメイン名であっても、最終的に変換

図4-12 DNSサーバーを使ったドメイン名の解決例

4-3 ドメイン名と名前解決

図4-13　DNS名を付けるように構成する

95

CHAPTER4　Webサーバーソフトをインストールする

先のIPアドレスがわかります。

　ドメイン名は、DNSサーバーが解決することから、「DNS名」と呼ばれることもあります。また、サーバーやネットワーク機器など、「通信可能なホスト」に名付けるために使われることから、「ホスト名」や「DNSホスト名」と呼ばれることもあります。

■DNSサーバーを構成する

　実際に、DNSサーバーを構成して、どのような動きをするのか確認してみましょう。

　Amazon VPCには、VPN内の名前解決をするオプション機能があり、その機能を有効にすると、インスタンスにDNS名が設定されるようになります。

【手順】インスタンスの名前解決を有効にする

[1] VPCの設定ページを開く

　AWSマネジメントコンソールのVPCタブを開き、[VPC]をクリックしてください。

[2] DNS名を付けるように構成する

　作成中のVPC一覧が表示されます。本書の手順では、10.0.0.0/16のCIDRブロックを設定した「VPC領域」と名付けたVPCがあるはずです。このVPCにチェックを付け、[アクション]から[DNSホスト名の編集]をクリックすると、[DNSホスト名の編集]ページが開きます。[有効化]にチェックを付けて[保存]をクリックします（**図4-13**）。すると、このVPC内で起動したインスタンスにDNS名が割り当てられるようになります。

　実際に、どのようなDNS名が設定されたのか、見てみましょう。

　まずは、AWSマネジメントコンソールの[EC2]を開いてください。そして[インスタンス]をクリックしてインスタンス一覧を表示します。

　調べたいインスタンスにチェックを付けると、その下の[パブリックDNS]の部分に、割り当てられたDNS名が表示されます（**図4-14**）。

　DNS名には、「パブリックDNS」と「プライベートDNS」の2つがあります。前者はインターネットから参照できるDNS名、後者はVPC内でしか参照できないDNS名です。

Memo パブリックIPアドレスを割り当てていないときはパブリックDNSは空欄となり、プライベートDNSしか設定されません。

　図4-14に表示されているパブリックDNS「ec2-18-177-32-60.ap-northeast-1.compute.amazonaws.com」は、次の構成であることがわかります。

96

4-3　ドメイン名と名前解決

図 4-14　割り当てられた DNS 名

・第 5 レベル
ec2-18-177-32-60
インスタンス固有の名称（パブリック IP アドレスをもとに自動的に設定）

・第 4 レベル
ap-northeast-1
東京リージョンのドメイン（AWS 内で定義）

・第 3 レベル
compute
Amazon EC2 などのコンピュートサービスドメイン（AWS 内で定義）

・第 2 レベル
amazonaws
AWS のドメイン

・トップレベル
com
com ドメイン

CHAPTER4　Webサーバーソフトをインストールする

図4-15 DNS名でアクセスする

> **Memo** 本書の手順では、パブリックIPアドレスは、インスタンスを起動するたびにランダムなものが設定されます。それに伴い、Public DNS名もランダムなものとなります。コラム「パブリックIPアドレスを固定化する」で説明したElastic IPを用いてパブリックIPアドレスを固定化すると、Public DNS名も固定化されます。

　実際に、この割り当てられたパブリックDNS名を用いて、Webブラウザからアクセスすると、正しくアクセスできます（図4-15）。

Column　Route53サービスを用いて独自ドメイン名で運用する

　本書では、Amazon AWSで提供される「.amazonaws.com」のドメインを利用する例を示していますが、「www.example.co.jp」などの独自ドメイン名を利用することもできます。
　独自ドメイン名を利用するには、まず、「レジストラ」と呼ばれるドメイン事業者から、利用したいドメイン名を取得します。AWSマネジメントコンソールを操作して取得するほか、JPRSの「指定事業者」から取得することもできます（http://jprs.jp/registration/list/）。ドメイン名を取得したら、DNSサーバーを構成して、Amazon EC2のインスタンスに向けるように構成します。
　Amazon AWSでは、DNSサーバーを構成するための「Route 53」というサービスが提供されています。Route 53サービスに、取得したドメイン名を設定すると、独自ドメイン名を利用できるようになります。なお、2014年7月からRoute53を利用してドメイン名を取得することもできるようになっています（図4-A）。

4-3 ドメイン名と名前解決

図 4-A 独自ドメイン名を使うときの流れ

> **Memo** Route 53 サービスを利用せずに、レジストラが提供する DNS サーバーを利用する方法もあります。

■**nslookup コマンドで DNS サーバーの動きを見る**

　いくつかのコマンドを使うと、DNS サーバーが、どのように名前解決しているのかを知ることができます。DNS の名前解決を調査する際に、もっともよく使われているコマンドが「nslookup」です。nslookup コマンドは、Windows や Mac、そして、多くの Linux ディストリビューションに、標準でインストールされています。

> **Memo** nslookup コマンドは昔ながらのコマンドです。最新の UNIX 系の環境では、もっと詳細に DNS サーバーとのやりとりを確認できる dig コマンドを使うこともあります（AppendixB を参照）。

●**クライアントから nslookup する**

　まずは、Windows や Mac の環境で、いまアクセスした「ec2-18-177-32-60.ap-northeast-1.compute.amazonaws.com」が、どのように名前解決されているのかを調べてみましょう。

99

CHAPTER4 Web サーバーソフトをインストールする

プロバイダーを通じてインターネットに接続しているのなら、Web ブラウザを使って図 4-15 のようにアクセスしたときに、プロバイダーが提供している DNS サーバーが名前解決をしています。

① Windows の場合

［スタート］メニューから［Windows システムツール］―［コマンドプロンプト］を実行してください。そして、次のように nslookup コマンドを入力してください。

なお、ec2-18-177-32-60.ap-northeast-1.compute.amazonaws.com の部分は、図 4-14 で確認したパブリック DNS に合わせてください。

Memo 「>」は、プロンプトを示しています。実際に入力するのは「nslookup 以降」です。

```
> nslookup ec2-18-177-32-60.ap-northeast-1.compute.amazonaws.com
```

すると、次のように「18.177.32.60」が返されるはずです（**図 4-16**）。

```
サーバー:    UnKnown
Address:    192.168.0.1

権限のない回答:
名前:       ec2-18-177-32-60.ap-northeast-1.compute.amazonaws.com
Address:    18.177.32.60
```

なお、ここで表示されている「サーバー：UnKnown ／ Address：192.168.0.1」という

図 4-16　Windows で nslookup を実行した結果

のは、筆者の Windows クライアントに設定されている DNS サーバーです。環境によって
異なります。

Memo 筆者の環境では、ルーターを用いてインターネットに接続しています。ルーターを使う構
成の場合、ルーターが DNS の問い合わせをいったん受け取り、それをプロバイダーの
DNS サーバーへと転送するのが一般的です。つまり、この「192.168.0.1」は、ルーター
の IP アドレスです。

② Mac の場合

Mac の場合は、「ターミナル」から実行する以外は、Windows と同じです。次のように
入力してください（**図 4-17**）。

Memo 「$」は、プロンプトを示しています。実際に入力するのは「nslookup」以降です。

```
$ nslookup ec2-18-177-32-60.ap-northeast-1.compute.amazonaws.com
```

なお、図 4-17 に表示されている「Address:10.0.0.2#53」の「#53」とは、DNS のウェル
ノウンポートであり、「ポート 53 で通信している」ということを示します

Memo DNS は、基本的に「UDP」で通信します。しかし UDP にはパケットサイズの制限があ
るため、大きなサイズになると、「TCP」での通信に切り替えられます。

●逆引きする

いまは、「DNS → IP アドレス」の変換をしましたが、「IP アドレス → DNS 名」の変換
をすることもできます。たとえば、次のように入力します。

```
user001 — ec2-user@ip-10-0-1-10:~ — ssh -i my-key.pem ec2-user@18.177.32...
[[ec2-user@ip-10-0-1-10 ~]$ nslookup ec2-18-177-32-60.ap-northeast-1.compute.amaz]
onaws.com
Server:         10.0.0.2
Address:        10.0.0.2#53

Non-authoritative answer:
Name:   ec2-18-177-32-60.ap-northeast-1.compute.amazonaws.com
Address: 10.0.1.10

[ec2-user@ip-10-0-1-10 ~]$
```

図 4-17 Mac で nslookup を実行した結果

CHAPTER4　Web サーバーソフトをインストールする

```
> nslookup 18.177.32.60
```

　すると、「ec2-18-177-32-60.ap-northeast-1.compute.amazonaws.com」という結果が返されます。

```
サーバー:  UnKnown
Address:  192.168.0.1

名前:   ec2-18-177-32-60.ap-northeast-1.compute.amazonaws.com
Address:  18.177.32.60
```

　このように「IP アドレス→ DNS 名」に変換することを「逆引き」と言い、それに対比して、先に行った「DNS → IP アドレス」の変換は、「正引き」と言います。

> **Memo**　逆引きは、常に DNS サーバーに設定されているとは限りません。逆引きができないこともあります。
> 　また、「正引き」と「逆引き」は、1 対 1 の対応をするとも限りません。サーバーには別名を付けることもできるためです。
> 　たとえば、あるホスト「www.example.co.jp」に対して、「18.177.32.60」と「18.177.32.61」の 2 つの IP アドレスを設定することもできます。このように複数の IP アドレスを設定した場合、エンドユーザーは、「18.177.32.60」か「18.177.32.61」のどちらかにアクセスします。結果として、負荷分散できます（このような負荷分散方式を「DNS ラウンドロビン」と言います）。
> 　一方で「18.177.32.60」や「18.177.32.61」に対する逆引きは、両方とも「www.example.co.jp」に設定すると名前が重複してしまうので、片方は「www1.example.co.jp」、もう片方は「www2.example.co.jp」というように、異なる名前を付けるのが一般的です。
> 　このような構成のとき、「www.example.co.jp → 18.177.32.60、18.177.32.61」ですが、その逆引きは、「18.177.32.60 → www1.example.co.jp」「18.177.32.61 → www2.example.co.jp」であり、一致しません。

●サーバーから nslookup コマンドを実行する

　クライアントだけでなく、サーバーにも名前解決に用いる DNS サーバーが設定されています。
　たとえば、本章の冒頭では、Apache をインストールする際に、yum コマンドを使ってダウンロードしました。ダウンロードサイトの名前解決には、サーバーに設定されている DNS サーバーが使われています。

どのような DNS サーバーが使われているのかは、nslookup コマンドで確認できます。インスタンスに SSH でログインし、たとえば、適当なホスト名、「www.nikkeibp.co.jp」を問い合わせてみてください。

下記のように結果が返されます。ここでは、「Server: 10.0.0.2」と表示されているので、このインスタンスは、IP アドレス「10.0.0.2」をもつ DNS サーバーを使って名前解決していることがわかります。

【インスタンス上で実行】

```
$ nslookup www.nikkeibp.co.jp
Server:         10.0.0.2
Address:        10.0.0.2#53

Non-authoritative answer:
Name:   www.nikkeibp.co.jp
Address: 13.115.206.19
```

Memo 10.0.0.2 の IP アドレスをもつ DNS サーバーは、Amazon VPC によって自動提供されたものです。

4-4 まとめ

この章では、前章で作成したサーバーに Apache をインストールして、Web サーバーとして動作するようにしました（**図 4-18**）。

インストール直後は、ファイアウォールに阻まれているため、ポート 80 番を通す設定をして通信可能な状態にしました。

すると、Web ブラウザから、パブリック IP アドレスを指定することで、アクセスできるようになりました。次に DNS 名を有効に設定しました。その結果、DNS 名でもアクセスできるようになりました。DNS 名の名前解決をするのは DNS サーバーです。その動きは、nslookup コマンドで調査できることがわかりました。

次の章では、Web ブラウザと Web サーバーとの間で、どのような通信のやりとりがされているのかをもう少し詳しく見ていきます。

CHAPTER4　Webサーバーソフトをインストールする

図 4-18　この章で設定したネットワークやサーバーの構成

CHAPTER5　HTTP の動きを確認する

CHAPTER5
HTTP の動きを確認する

　前章では、Web サーバーを構築して、Web ブラウザでアクセスできるところまで、確認しました。Web ブラウザと Web サーバー間は、「HTTP」というプロトコルを使って、データをやりとりしています。この章では、HTTP プロトコルについて解説します。

5-1　HTTP とは

　ふだん、私たちが利用している Web 通信では、「HTTP（Hyper Text Transfer Protocol）」という通信プロトコルが使われています。
　HTTP は、直訳すると、「ハイパーテキストを伝送するための通信規約」であり、HTML をはじめとする Web サービスに必要とされる情報を伝達するためのルールです。

> **Memo** ハイパーテキスト（Hypertext）とは、リンク（ハイパーリンク <a href="">）同士で結びつけられたテキストのことを言います。

　Web サイトを利用していると、「404 Not found」や「500 Internal Server Error」など、数字を伴ったエラー画面に遭遇したことがある人も多いでしょう。
　これらの数字は、HTTP で定義されたコードです。「404 は、対象のリソースが見つからない」「500 は、サーバー側で何かしらのエラーが発生した」という意味があります。
　HTTP は、クライアント・サーバー型のアーキテクチャです。2 者間で「リクエスト（要求）」と「レスポンス（応答）」をやりとりする方式を定めています（**図 5-1**）。

■リクエストとレスポンスの書式
　図 5-1 に示したように、リクエストとレスポンスは、それぞれ、3 つのパートで構成されます。

①リクエスト
　「リクエストライン」「ヘッダー」「ボディ」で構成されます（**図 5-2**）。

リクエストラインは、「要求コマンド」のことです。「要求方法」と「要求する URL」が含まれます。冒頭の1行です。

ヘッダーは、ブラウザから送信する追加情報です。たとえば、「要求したいホスト名（Host ヘッダー）」、「ブラウザの種類（User-Agent ヘッダー）」や「対応言語（Language ヘッダー）」、「Cookie の情報（Cookie ヘッダー）」や「直前に見ていたページの URL（Referer ヘッダー）」などが含まれており、多くの場合、複数行に渡ります。

ボディは、HTML フォーム（form 要素）や Ajax などで、POST というメソッドを利用し、データをサーバーに送信するときに利用されます。ヘッダーとボディとは、空行（改行だけの行）で区切られます。

図 5-1　HTTP を使ったデータのやりとり

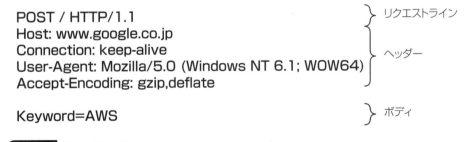

図 5-2　リクエストの例

CHAPTER5　HTTPの動きを確認する

図 5-3　レスポンスの例

②レスポンス
「ステータスライン」「ヘッダー」「ボディ」で構成されます（図 5-3）。

ステータスラインは、その要求の成否を返すものです。冒頭の1行です。正常に終了すれば「200 OK」というステータスが返されます。見つからないときは「404 Not Found」、サーバー側で何かしらのエラーが発生したときは「500 Internal Server Error」が返されます。

ヘッダーは追加情報を返すために利用されます。よく使われるものとして、ボディ部の種類を示す「Content-Type ヘッダー」や、ボディの長さを示す「Content-Length ヘッダー」などがあります。多くの場合、複数行にわたります。

ボディは、要求された URL に対するコンテンツです。HTML のテキストや画像など、要求されたコンテンツデータそのものです。ヘッダーとボディとは、空行（改行だけの行）で区切られます。

5-2　ブラウザの開発者ツールで HTTP のやりとりをのぞいてみる

HTTP のやりとりは、いくつかのツールを使うと、実際に目で見ることができます。

ここでは、Mozilla Firefox の開発者ツールを使ってみましょう。例えば Firefox であれば、メニューから「ウエブ開発」→「ネットワーク」を選ぶと、起動できます（図 5-4）。

■ネットワーク通信を見る

まずは、ネットワーク通信を見てみましょう。ここでは、aws.amazon.com にアクセスして、どのような通信がされているのかを見てみます。

5-2 ブラウザの開発者ツールで HTTP のやりとりをのぞいてみる

図 5-4　開発者ツールを起動する

図 5-5　[ネットワーク] タブで状態を見る

109

CHAPTER5　HTTPの動きを確認する

図 5-6　HTTPのヘッダー情報を確認する

　［ネットワーク］タブを開いた状態で、「https://aws.amazon.com/jp/」にアクセスしてみましょう。このページには、CSSや画像が含まれるため、それらを取得するために、たくさんの通信が表示されるはずです。

　このなかから、「aws.amazon.com/jp/」をクリックすると、このサイトのトップページにアクセスしたときの状態を見られます（図 5-5）。

■HTTPのやりとりをのぞいてみる

　まずは、ブラウザ（Firefox）が、このURLを要求するときに、どのようなリクエストとレスポンスがやりとりされているのかを見てみましょう。

●ヘッダー部を確認する

　［ヘッダ］タブをクリックすると、次の出力を見ることができます（図 5-6）。

【aws.amazon.com にアクセスしたときのヘッダタブの出力】
```
要求 URL:https://aws.amazon.com/jp/    <- このリクエストの対象URL
要求 Method:GET                        <- HTTPメソッドはGET
ステータスコード:200 OK                <- HTTPステータスコード。200は成功を表す
応答 Headers:......    <- レスポンスに付与されたヘッダー（キーバリュー形式で表示）
要求 Headers:......    <- リクエストに付与されたヘッダー（キーバリュー形式で表示）
```

5-2 ブラウザの開発者ツールでHTTPのやりとりをのぞいてみる

図 5-7 ボディ部を調べる

> **Memo** キーバリュー形式とは、「キー（Key：項目）」と「バリュー（Value：値）」の組み合わせで構成されるデータのことです。

　上記の結果は、「https://aws.amazon.com/jp/」に対して GET という HTTP メソッドを使ってコンテンツをリクエストし、コンテンツの取得に成功したということを示しています。

　なお、ここに表示されている情報は、先ほど触れた、リクエスト（リクエストライン、ヘッダー、ボディ）とレスポンスの一部（ステータスコードとヘッダー）が解釈されたものです。

　厳密にいうとリクエストラインやリクエストのボディはヘッダーではありませんが、Firefox の開発者ツールでは、ヘッダーと一緒に確認できます。

●ボディ部を確認する

　ボディ部のデータは、[応答] タブの [応答ペイロード] で確認できます。これは、HTML のデータそのものです（図 5-7）。

■リクエストとレスポンスの詳細

　以下、「HTTP メソッド」「HTTP ステータスコード」「リクエスト／レスポンスヘッダー

CHAPTER5　HTTPの動きを確認する

について、さらに詳細に見ていきましょう。

●HTTPメソッド

　HTTPメソッドとは、コンテンツに対する操作コマンドのことです（**表5-1**）。多くの場合「GET」または「POST」が使われます。

　ブラウザのアドレス欄にURLを入力してアクセスしたり、画像を参照したり、リンクをクリックして飛んだりしたときなど、コンテンツを取得するときに一般に使われるのが「GETメソッド」です。

　「POSTメソッド」は、<form method="post">と記述されている入力フォームでデータを送信するときなどに使われます。POSTメソッドでは、入力フォームに入力されたデータなど、「クライアントからWebサーバーに向けて送信するデータ」をボディ部に付けて送信します。ボディ部には、任意のデータを付けられるため、ファイルの送信も可能です。

　これ以外にも、表5-1に示すHTTPメソッドが使われています。

●HTTPステータスコード

　HTTPステータスコードは、結果の成否を示す値です。3桁の数字で構成され、百の位の数字で大まかな成否が決まり、残りの桁で詳細なステータスが決まります（**表5-2**）。

　成功したときは、一般に「200 OK」が返ります。しかしリダイレクトする場合には、「301」「302」「303」のコードが返されることがあります。またコンテンツが更新されていないときは、「304」のコードが返されることもあります。

　「301」「302」「303」の応答を受け取った場合、ブラウザは、自動的に指定されたリダイ

メソッド	意味
GET	リソースを取得する
POST	リソースにデータを送信したり、子リソースを作成したりする
HEAD	リソースのヘッダー情報だけを得る（ボディ部が送信されてこない。たとえば、更新日時などステータスだけ取得したいときに用いる）
PUT	リソースを更新したり、作成したりする
DELETE	リソースを削除する
OPTIONS	サーバーがサポートしているメソッドを取得する
TRACE	自分宛にリクエストメッセージを返してループバックテストする
CONNECT	プロキシ動作のトンネル接続を変更する

表 5-1　HTTPメソッド一覧

5-2　ブラウザの開発者ツールで HTTP のやりとりをのぞいてみる

コード	意味	解説
1xx	処理中	何か処理中のことを伝えるときに用いる。あまり使われない
2xx	成功	成功したことを示す。「200 OK」がよく使われる
3xx	リダイレクト	別の URL にリダイレクトする。「301 Moved Permanently」（永続的な移動）「302 Found」（一時的な移動）「303 See Other」（他を参照せよ）、「304 Not Modified」（コンテンツは、If-Modified-Since ヘッダーで指定された日時から更新されていない）などが代表的
4xx	クライアントエラー	クライアント側のリクエストにエラーがある。「401 Unauthorized」（認証が必要）、「403 Forbidden」（アクセス禁止）、「404 Not Found」（指定されたリソースが見つからない）などが代表的
5xx	サーバーエラー	サーバー側のエラー。「500 Internal Server Error」（内部的なエラー。CGI のエラーでも使われる）や「503 Service Unavailable」（一時的に接続できないときや、サーバーが受け入れ可能な接続数を超えたときなど使われる）などがある

表 5-2　HTTP ステータスコード

レクト先に再接続して、コンテンツを取得しようとします。

> **Column　HTTP から HTTPS へのリダイレクト**
>
> 　近年は、セキュリティを高めるため、「http://」でアクセスしてきたときに「https://」（SSL で暗号化された通信）にリダイレクトする実装が流行です。
> 　そのように構成された Web サーバーは、「http://」でアクセスしたときに、次のように「301 Moved Permanently」というステータスコードを返すように実装されています。
>
> ```
> HTTP/1.1 301 Moved Permanently
> Date: Thu, 27 Feb 2014 06:52:36 GMT
> Location: https://www.example.co.jp/
> …略…
> ```
>
> 　リダイレクト先は、Location ヘッダーで示されます。つまり、この例では、ユーザーは、「https://www.example.co.jp/」へとリダイレクトされます。

●リクエストヘッダー

　リクエストヘッダーは、クライアントからサーバーに送信するときに送られるヘッダー

113

CHAPTER5　HTTPの動きを確認する

です。たとえば、https://aws.amazon.com/ への HTTP リクエストに付与されるヘッダー
は以下のようなものです。

```
Host: aws.amazon.com
User-Agent: Mozilla/5.0 (Macintosh;Intel Mac OS X 10.9; rv:24.0) Gecko/20100101
Firefox/24.0
Accept: text/html,application/xhtml+xml,application/xml;q=0.9,*/*;q=0.8
Accept-Language: en-US,en;q=0.5
Accept-Encoding: gzip, deflate
Cookie: s_cc=true; s_sq=...; aws_lang=en; ...
Connection: keep-alive
```

　よく使われるリクエストヘッダーには、次のものがあります。

・HTTP ヘッダー
　Host ヘッダーは、要求を送ろうとするホスト名を記述します。

```
Host:aws.amazon.com
```

　HTTP には、「HTTP 1.0」と「HTTP 1.1」の２つのバージョンがあります。現在では、
ほとんどの場合、HTTP 1.1 が使われています。HTTP 1.1 では、Host ヘッダーの送信が
必須です。

・User-Agent ヘッダー
　User-Agent ヘッダーは、ブラウザの種別を示します。
　Web システムを構築するときは、この User-Agent 文字列をもとにブラウザや OS を判
断して、処理分岐を実装することがあります。

```
User-Agent: Mozilla/5.0 (Macintosh;Intel Mac OS X 10.9; rv:24.0) Gecko/20100101
Firefox/24.0
```

・Cookie ヘッダー
　Cookie ヘッダーは、Cookie 情報を送信するもので、「サーバー側から、以前に Set-
Cookie ヘッダーで送信されてきたものと同じデータ」を、そのまま返す役割をします。

```
Cookie: s_cc=true; s_sq=...;
```

114

Cookie は、たとえば、ユーザーがログインしたときに、そのログイン情報を保存するときなどに使われます。

つまり、Cookie にはログインしたユーザーと結びつける情報が格納されていることがあり、Cookie が漏洩すると、第三者が自分に成りすましてしまう危険があります。

●レスポンスヘッダー

レスポンスヘッダーは、サーバーからクライアントに返すときに送信される情報です。

下記の例は、先ほどと同じく https://aws.amazon.com/ へのリクエストに対するレスポンスのヘッダーです。

```
Date: Fri, 27 Jun 2014 14:33:59 GMT
Server: Server
X-Frame-Options: SAMEORIGIN
x-amz-id-1: 0SBX...
x-amz-id-2: aws-mktg-hz-liv-p-iad-1a-i-1ac0d04a.us-east-1.amazon.com
Content-Type: text/html;charset=UTF-8
Content-Language: en-US
Vary: User-Agent
Transfer-Encoding: chunked
```

よく使われるレスポンスヘッダーには、次のものがあります。

・Content-Type ヘッダー

ボディ部のコンテンツの種類を示します。

```
Content-Type: text/html;charset=UTF-8
```

「text/html」であれば、HTML としてユーザーに表示します。画像なら「image/jpeg」や「image/png」などとなります。PDF ファイルなら「application/pdf」です。「application/octet-stream」が返されたときは、多くのブラウザは、ファイルを保存するダイアログボックスを表示します。

このようなコンテンツの種類は、「MIME タイプ（Multipurpose Internet Mail Extension Type）」とも呼ばれ、その一覧は、IANA の Web サイト（http://www.iana.org/assignments/media-types/media-types.xhtml）で確認できます。

115

CHAPTER5　HTTP の動きを確認する

> **Memo** Apache を含む、ほとんどの Web サーバーは、静的なコンテンツを返すとき、そのファイルの拡張子によって、適切な Content-Type ヘッダーを返すように構成されています。この設定が間違っていると、クライアント側でファイルが開けなかったり、いつもと違うアプリケーションが起動してしまったりという問題が起きます。

・Date ヘッダー
　コンテンツの日付を示します。

```
Date: Fri, 27 Jun 2014 14:33:59 GM
```

・Set-cookie ヘッダー
　Cookie を設定します。

```
Set-cookie: key1=value1; key2=value2;…
```

　今回はレスポンスには存在しませんでしたが、このような Set-cookie ヘッダーが付いていた場合、次回、同じサイトにアクセスするときには、ブラウザは、リクエストヘッダーに、

```
Cookie: key1=value1; key2=value2;…
```

という値を付けて要求を出します。
　この仕組みによって、サーバー側では、アクセスしてきたユーザーを追跡できます。

5-3 Telnet を使って HTTP をしゃべってみる

　ここまではブラウザが HTTP プロトコルで通信するところを見てきましたが、自らの手を動かして、HTTP プロトコルで通信することもできます。
　そのために必要なものは、Telnet クライアントだけです。
　Telnet とは、汎用的な双方向 8 ビット通信を提供する端末間およびプロセス間の通信プロトコルで、リモートコンピュータとやりとりするための仕組みです。暗号化されていない SSH だと思ってください。ルーターにログインして各種設定をするときなどに、よく使われています。
　Telnet クライアントは、単純にテキストをやりとりする機能だけを持ちます。
　ふつうの使い方では、接続先は、Telnet サーバーです。Telnet サーバーは SSH サーバー

と同様に、ログインおよび何らかのコマンドを受け付けます。

しかし接続先を変更すると、任意のサービスに接続できます。

たとえば、HTTPのウェルノウンポートである80番に接続して、HTTPプロトコルに従って文字列を送れば、サーバーからHTTPのレスポンスを得ることができます（図5-8）。

実際にやってみましょう。まずはhttp://www.kantei.go.jp/のデータを取得してみます。

Mac環境の場合、HighSierraより前のバージョンなら、Telnetクライアントは、デフォルトでインストールされています。

Windowsにも標準で添付されていますが、Windowsのバージョンによっては、初期状

図5-8　TelnetクライアントでWebサーバーに接続する

図5-9　www.kantei.go.jpのWebサーバーに接続する

117

CHAPTER5　HTTPの動きを確認する

態ではインストールされていません。別途インストールすることもできますが、Tera Termにある Telnet の機能を使うのが手早いでしょう。

●Windows の Tera Term で Telnet 接続をする

　Windows の Tera Term では、次のようにしてください。

【手順】Windows の Tera Term で Telnet 接続をする
［1］相手先のポート 80 に接続する
　［ファイル］メニューから［新しい接続］を選んで、接続画面を表示します。
　「ホスト」には、「www.kantei.go.jp」と入力してください。
　サービスでは［Telnet］を選び、TCP ポートでは「80」と入力し、［OK］ボタンをクリックして接続してください（図 5-9）。
　これで www.kantei.go.jp の Web サーバーに接続できます。

［2］改行コードを変更する
　HTTP プロトコルでは、改行コードが「CRLF」です。［設定］メニューの［端末］を開き、［CR+LF］に変更してください（図 5-10）。
　またこのとき、自分自身で入力した文字が画面に表示されたほうがわかりやすいので、

図 5-10　改行コードを変更する

［ローカルエコー］にチェックを付けてください。

[3] 通信が終わってもウィンドウを閉じないようにする
　デフォルトでは、通信が切れるとウィンドウが閉じてしまいます。
　閉じないようにするため、［設定］メニューの［TCP/IP］を開き、［自動的にウィンドウを閉じる］のチェックを外してください（図5-11）。

[4] コマンドを入力する
　では、コマンドを入力しましょう。次のように入力してください。

```
GET / HTTP/1.1[Enter]
HOST: www.kantei.go.jp [Enter]
[Enter]
```

　HTTPプロトコルでは、「文字が入っていない行（空行）」で、「リクエストライン／ヘッダー」と「ボディ」を分けるため、最後に［Enter］キーを2回押さなければならないので注意してください。GETメソッドの場合ボディは扱わないので2回目の［Enter］が送信された時点でレスポンスが返って来ます。

図5-11　ウィンドウを閉じないようにする

CHAPTER5　HTTPの動きを確認する

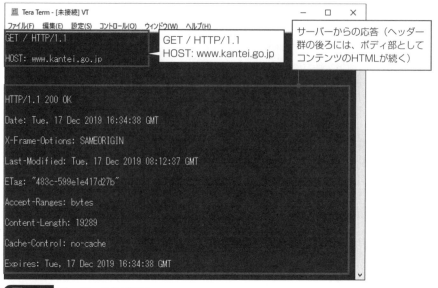

図 5-12　サーバーからの結果

［5］結果が表示される

　サーバーから、長いテキストが送信されてくるのがわかります（図5-12）。これがサーバーからの応答です。

　上記の手順では、まず、www.kantei.go.jp というサーバーにポート80番で接続しました。ここまではIPアドレスを使った接続であり、HTTPの外側の話です。
　接続したら、次の文字列をキーボードから入力しました。ここからがHTTPのやりとりです。

```
GET / HTTP/1.1[Enter]
HOST: www.kantei.go.jp [Enter]
[Enter]
```

　「GET / HTTP/1.1」という文字列は、①HTTPのバージョン1.1を用いて、②「/」（ルート）というコンテンツを、③GETメソッドでアクセスする、という意味のコマンドです。さらに次の行ではHostヘッダーを渡し、対象のサーバー名を指定しています。
　この結果として、サーバーからは、HTMLを含んだHTMLレスポンスが戻ってきました。
　Webブラウザでも、Telnetを使って試したのと同じやりとりが、裏で行なわれています。

5-3　Telnet を使って HTTP をしゃべってみる

図 5-13　Mac で Telnet を使って Web サーバーに接続した結果

●Mac のターミナルで Telnet 接続をする

　Mac の場合は、ターミナルを使って同じことができます。次のコマンドを入力してください。最後に指定している「80」というのは、ポート 80 番に接続するという意味です。

```
$ telnet www.kantei.go.jp 80
```

接続できたら、先ほどと同様に、

```
GET / HTTP/1.1[Enter]
HOST: www.kantei.go.jp [Enter]
[Enter]
```

と入力してください。すると、サーバーからの HTTP レスポンスを確認できます（**図 5-13**）。

　Mac の場合、ローカルエコーはデフォルトでオンです。また、改行コードの変更も必要ありません。

> **Memo**　macOS では HighSierra から telenet が標準でインストールされなくなりました。Homebrew などを利用してインストールする必要があります。

121

CHAPTER5　HTTP の動きを確認する

> **Memo** Mac のデフォルトの改行コードは、デフォルトでは「LF」であり、HTTP プロトコルの規約である「CRLF」ではありません。しかしながら、ほとんどの Web サーバーは、「LF」でも動作します。
>
> 　もし正しい改行コードで通信したいなら、Telnet を起動した後、[Ctrl] キーを押しながら「[」キーを押します。すると「>telnet」というプロンプトが表示されるので、「toggle crlf」と入力します。すると、改行コードを CRLF に変更できます。

5-4　まとめ

　この章ではまず、Firefox の開発者ツールを使って HTTP プロトコルの概要を知り、そのあと Telnet クライアントを使って HTTP プロトコルで通信してみることで、Web ブラウザと Web サーバー間では、どのような通信がされているのか見てきました。

　Telnet を使って実際に HTTP をしゃべりましたが、Web ブラウザの気持ちになれたでしょうか？

　通信プロトコルというと難しそうなイメージを持つかも知れませんが、ここまで見てきた通り、実は非常に単純なテキストプロトコルです。

　Web API を使った開発や、Web アプリケーション、API 自体の開発をするには HTTP の理解が必須です。開発者の多くは、API を開発するときには Firefox の開発者ツールなどを使って通信をのぞき見ながら、開発しています。

　次の章では、インターネットから見えないプライベートなネットワークを構築し、セキュリティを高める手法を説明します。

Column　今度は HTTP サーバーの気持ちになってみる

　HTTP プロトコルで、もう少し遊んでみましょう。

　ここまでは Telnet を使ってクライアントとして HTTP をしゃべってみました。ここでは、逆にサーバーとして HTTP をしゃべってみましょう。リクエストヘッダーを跳ね返すプログラムを自作してサーバーに配置して動かしてみます。

　そのプログラムに Telnet で接続し、どのような結果が得られるのかを見てみます。

（この節は、中級者向けのものです。わかりにくければ、いったん、ここは飛ばして読み進んでください）。

■カスタム化した Web プログラムを作る

　ここでは、node.js を使って、簡単な Web サーバーを作ってみます。node.js を選んだのは、数行で簡単に Web サーバーを書けるため、生の HTTP をデバッグしたり触ってみたりするのに適しているからです。

> **Memo**　node.js（https://nodejs.org/、 日 本 語 サ イ ト は https://nodejs.jp/） は、JavaScript でサーバーサイドのプログラムを作れる開発・実行環境です。ブロックしない I/O 処理を実現し、高速で大量のアクセスをさばけます。

　実際に作ったものが、**図 5-A** です。図 5-A は、ポート 8080 で HTTP リクエストを受け付け、リクエストを受け取ると、そのリクエストのヘッダーとボディを抽出して、JSON 形式のレスポンスとして返します。

> **Memo**　JSON 形式とは、JavaScript のオブジェクトと同じ書式でデータを表現する記法です。RFC4627 で提唱されています（https://www.ietf.org/rfc/rfc4627.txt）。

CHAPTER5　HTTPの動きを確認する

```javascript
var http = require('http');
http.createServer(function(req,res){

    var data = {
        RequestHeader: req.headers
    };

    if(req.method == 'GET'){
        response(res,data);

    }else if(req.method == 'POST'){
        req.on('data',function(body){
            data.RequestBody = body.toString();
            req.on('end',function(){
                response(res,data);
            });
        });
    }

}).listen(8080);

function response(res,data){
    var json = JSON.stringify(data);
        res.writeHead(200,{'Content-Type':'application/json','Content-
Length':json.length});
    res.end(json);
}
```

図5-A ヘッダーとボディを抽出して JSON 形式のレスポンスとして返す例（app.js）

● node.js の実行環境を作る

　まずは、node.js の実行環境を作ります。ここでは、CHAPTER4 で Web サーバーとして構築したインスタンスに、node.js の実行環境を作ります。

　インスタンスに SSH でログインし、次のように操作してください。

Memo 依存関係はないため、CHAPTER4 で作成した Web サーバーのインスタンスではなく、別のインスタンス、もしくは、他のサーバー上で実行してもかまいません。

Memo 図 5-A のプログラムや node.js の実行には、root 権限を必要としません。ec2-user ユーザーのままインストールおよび実行できます。なぜなら、待ち受けしているポート 8080 番は、一般ユーザーでも利用できる 1024 番以上であるためです（1023 番以下は、root 権限でしか使えません）。

124

【手順】node.js をインストールする

[1] node.js をダウンロードする

　node.js のサイト (https://nodejs.org/) から、アーカイブをダウンロードします。ここでは、ホームディレクトリ（下記の「~」に相当。実際のディレクトリで言うと、/home/ec2-user ディレクトリ）にダウンロードします。

> **Memo** ここでは、本書の執筆時点で最新推奨版の「12.13.1LTS」をダウンロードしています。最新版が、どのバージョンなのかは、https://nodejs.org/ja/download/ で確認してください。

```
$ cd ~
$ wget  https://nodejs.org/dist/v12.13.1/node-v12.13.1-linux-x64.tar.xz
```

[2] 展開してパスを通す

　次のようにして、展開します。

```
$ tar Jxfv node-v12.13.1-linux-x64.tar.xz
```

　展開すると、「node-v12.13.1-linux-x64」というディレクトリができ、その下の bin ディレクトリに、実行コマンドがインストールされます。この場所に、パスを設定します。

```
$ export PATH=$PATH:~/node-v12.13.1-linux-x64/bin
```

　これで、bin ディレクトリにある node コマンドが使えるようになります。

● ファイアウォールを設定する

　図 5-A のプログラムは、ポート 8080 で待ち受けします。このポートは、EC2 のセキュリティグループによって阻まれているので、ポート 8080 を開ける設定をします。

【手順】ポート 8080 を開ける

[1] Inbound の設定でポート 8080 を追加する

　AWS マネジメントコンソールにて［EC2］タブを開き、［セキュリティグループ］をクリックしてセキュリティグループ一覧を表示します。［WEB-SG］のセキュリティグループを開いて、［インバウンド］から［編集］をクリックします。［インバウンドの編集］画面が開くので［ルールの追加］ボタンをクリックしてポート 8080 を開ける設定を追加します（**図 5-B**）。

[2] 適用する

　設定したら［保存］ボタンをクリックして適用してください（**図 5-C**）。

■ **カスタム化した Web サーバーに Telnet で接続する**

　以上で、準備が整いました。まずは、図 5-A のプログラムを実行してみましょう。ここでは、

CHAPTER5 HTTPの動きを確認する

図5-B セキュリティグループの設定画面を開く

図5-C ポート8080を開ける設定を追加する

図5-Aのプログラムを「app.js」という名前でサーバーに配置したとします。
　この場合、次のコマンドを打ち込むと、実行できます。

```
$ node app.js
```

　なお、実行している間は、コマンドプロンプトからは応答が戻りません。終了するには、［Ctrl］
＋［C］キーを押してください。

● GETメソッドで要求を送る
　もうひとつ別の端末（Tera TermやMacのターミナル）を実行して、このサーバーにTelnet
でアクセスしてみましょう。
　ここでは、Tera Termを使って、ポート8080に接続します（**図5-D**）。

> **Memo** サーバーのIPアドレスは、インスタンスの「パブリックIP」もしくは「パブリック
> DNS」のいずれかです（CHAPTER3の図3-16やCHAPTER4の図4-2を参照）

　接続したら、次のように、「User-Agent: OreOreAgent」というヘッダーを付けたリクエスト
コマンドを入力してください。

> **Memo** User-Agentヘッダーは、ブラウザの種別を示すヘッダーです。

図5-D ポート8080に接続する

```
GET / HTTP/1.0[Enter]
User-Agent: OreOreAgent[Enter]
[Enter]
```

すると、次のレスポンスが戻ってきます。

```
{"RequestHeader":{"user-agent":"OreOreAgent"}}
```

このリクエストでは、リクエスト行のあとに User-Agent ヘッダーを付けたので、それがレスポンスとして表示されました。

Web サービスのサーバーアプリケーションを書いている開発者の方のなかには、User-Agent を判別するコードを書いたことがある人も多いでしょう。

近年の User-Agent の判別処理は、多くの場合ウェブアプリケーションフレームワークなどで隠蔽されていますが、実際の User-Agent の情報は、このような形でテキストとしてクライアント

図 5-E　GET メソッドで User-Agent ヘッダー付きの要求を出す

図 5-F　POST メソッドでボディ部も送信する

（Web ブラウザなど）から送られてきています（**図 5-E**）。

● POST メソッドで要求を送る
　いまは GET メソッドで要求しました。今度は、POST メソッドで要求を送信してみましょう。Telnet でポート 8080 に接続したら、次のように入力してみてください。

```
POST / HTTP/1.0[Enter]
User-Agent: OreOreAgent[Enter]
Content-Length: 3[Enter]
[Enter]
abc
```

　POST メソッドでは、リクエストを出す側（クライアント側）は、データの長さを示す「Content-Length ヘッダー」が必要です（リクエストを戻す側（サーバー側）は、Content-Length ヘッダーは必須ではありません）。ここでは「3」を入力しているので、3 バイトだけボディ部があります。
　そのため、「abc」と 3 文字入力すると、そこで入力が完了したものと見なされ、サーバー側からは、次の応答が戻ってきます（**図 5-F**）。

Memo POST メソッドを使ってリクエストを送信するこの実験は、Telnet クライアントの種類によっては、サーバーからのデータを受け取る前に切断されることがあります。これは Telnet がもつ送受信バッファが原因です。

　POST メソッドは、ふだん、HTML フォームからデータを送信したり、Web API でデータを送信したりする際に利用されています。
　何気なく利用していますが、ここで示したように、送信されるデータは、ヘッダーのあとに空行をひとつ挟んだあとに送信されているのです。

CHAPTER6 プライベートサブネットを構築する

CHAPTER6
プライベートサブネットを構築する

いくら万全の対策をしていても、インターネットに接続している限りは、攻撃を受ける可能性が少なからずあります。そこでセキュリティを高める方法として検討したいのが、インターネットから隔離したプライベートサブネットです。

データベースサーバーなどは、インターネットから隔離したプライベートサブネットに配置することで、安全性を高められます。

6-1 プライベートサブネットの利点

前章までで作成してきた Web サーバーには「パブリック IP アドレス」を割り当て、「パブリックサブネット」に配置しました。

パブリックサブネットは、インターネットゲートウエイ（Internet Gateway）を経由してインターネットに接続されています。つまり、ここに配置した Web サーバーは、インターネットから SSH や Web ブラウザでアクセスできます。

しかしシステムを構成するサーバー群のなかには、インターネットから直接接続してほしくないものもあります。たとえば、データベースなどのバックエンドシステムは、その典型的な例です。

隠したいサーバーは、「インターネットから接続できないサブネット」に、配置するようにします。このようなサブネットのことを「プライベートサブネット」と呼びます。

プライベートサブネットを構築することで、サーバーを隠すことができ、セキュリティを高められます。

この章では、まず、プライベートサブネットを作り、そのサブネットにデータベースをインストールするためのサーバーを構築します（**図6-1**）。

> **Memo** 図6-1の構成では、インターネットからプライベートサブネット内のサーバーに接続できないだけでなく、逆に、プライベートサブネット内のサーバーからインターネットに接続することもできません。これは、サーバーにソフトをインストールしたり、アップデートしたりするときに困ります。それ解決する方法として、「NAT」を使う手法がとれます。その詳細は、CHAPTER7で説明します。

130

6-1 プライベートサブネットの利点

図6-1 プライベートサブネットを構築して、サーバーを隠す

131

CHAPTER6 プライベートサブネットを構築する

6-2 プライベートサブネットを作る

では実際に、プライベートサブネットを作っていきましょう。

前章までは、パブリックサブネットを「10.0.1.0/24」として構築してきました。この章で作成するプライベートサブネットは、「10.0.2.0/24」とします。

■アベイラビリティーゾーンを確認する

CHAPTER1では、AWSを構成する「リージョン」と「アベイラビリティーゾーン（AZ）」の概念について説明しました。

リージョンとは「データセンター群が配置されている地域」のことであり、それらのデータセンターを論理的にグループ化したものをアベイラビリティーゾーンと呼びます。

AWSのサービスは、いずれかのアベイラビリティーゾーン上で実行されます。Amazon VPCも例外ではありません。

Amazon VPCを使ってサブネットを構築すると、そのサブネットは、どこかのアベイラビリティーゾーン上に作られます。サブネット内に配置したインスタンスは、そのサブネットと同じアベイラビリティーゾーンに属します。

図6-1に示したように、これから構築する「プライベートサブネット」にはデータベースサーバーを置き、「パブリックサブネット」に存在するWebサーバーと通信するように構成していきます。

サブネットは別々のアベイラビリティーゾーンにあっても問題なく通信はできます。しかし、距離による遅延が増加したり、アベイラビリティーゾーン間の通信費用が発生したりしますので、注意する必要があります。

> **Memo** それぞれのリージョンにいくつかのアベイラビリティーゾーンがあるのは、耐障害性を高めるためです。アベイラビリティーゾーン同士は、物理的に相当離れた場所に構築されており、異なるネットワークや電源網を用いていて、地震や洪水などで同時に影響を受けることがないように設計されています。本書ではパフォーマンスとコストの面から、同一のアベイラビリティーゾーンにサブネットを配置しますが、耐障害性を高めるために、あえて異なるアベイラビリティーゾーンに構築する手法も考えられます。アベイラビリティーゾーン同士は、高速な専用線で接続されているため、同一アベイラビリティーゾーンよりは速度が落ちるものの、レイテンシーは数ミリ秒に抑えられています。

そこで、パブリックサブネットが現在、どのアベイラビリティーゾーンに存在するのかを確認しておきましょう。AWSマネジメントコンソールで［VPC］タブを開き、［サブネット］の部分で確認できます（図6-2）。

6-2 プライベートサブネットを作る

図 6-2 パブリックサブネットのアベイラビリティーゾーンを確認する

図 6-2 の例では、「ap-notrheast-1c」というアベイラビリティーゾーンであることがわかります。この値は、環境によって異なります。環境に応じて、次節からの説明を読み替えてください。

■プライベートサブネットを作る

それでは、プライベートサブネットを構築していきましょう。次のように操作してください。

プライベートサブネットを構築するには、[サブネット] メニューを選び、[サブネットの作成] ボタンをクリックしてください。

「サブネット名」や「アベイラビリティーゾーン」「CIDR ブロック」の入力欄があります。

「サブネット名」には、「プライベートサブネット」と入力してください。「アベイラビリティーゾーン」は、図 6-2 で確認したアベイラビリティーゾーンと同じものを選びます。「CIDR ブロック」には、「10.0.2.0/24」と入力してください。

[作成] ボタンをクリックすると、サブネットが作成されます（図 6-3）。

■ルートテーブルを確認する

サブネットを作成した直後には、VPC に対して設定されている「メインルートテーブル」が適用されています。

メインルートテーブルは、[ルートテーブル] メニューを開いてルートテーブルを一覧表示したときに、[メイン] が [はい] に設定されているものです。

133

CHAPTER6 プライベートサブネットを構築する

図6-3 サブネットを作成する

図6-4 VPCのメインルートテーブルを確認する

　デフォルトの状態では、「自身のネットワーク」に対してのルーティングだけが設定されています（図6-4）。
　いま作成した「プライベートサブネット」には、このルートテーブルが設定されます。この設定は、［サブネット］メニューから確認できます（図6-5）。

6-3 プライベートサブネットにサーバーを構築する

図 6-5　プライベートサブネットに適用されているルートテーブルを確認する

Memo メインのルートテーブルは、デフォルトの VPC 用と、CHAPTER2 で作ってきた VPC 領域用の 2 つがあります。「VPC」の欄に適用されている VPC 名が「ID | VPC 領域」のように表示されているので区別できます。

　プライベートサブネットは、CHAPTER2 で作成したパブリックサブネットと違ってインターネットに接続しないため、デフォルトのルートテーブルのまま、変更する必要がありません。そこで、このままデフォルトの構成とします。
　もし必要があるならば、「2-4　インターネット回線とルーティング」で説明したのと同様の方法で、新たにルートテーブルを作成して、それをサブネットに割り当てることもできます。

6-3　プライベートサブネットにサーバーを構築する

　プライベートサブネットができたら、次にサーバーを構築します。

■ **サーバーを構築する**

　[EC2] タブで [インスタンス] メニューから [インスタンスの作成] をクリックして、新しいインスタンスを作成してください（**図 6-6**）。インスタンスの作成方法は「3-1　仮想サーバーを構築する」の手順とほぼ同じなので、操作が異なる部分だけを記述します。

CHAPTER6　プライベートサブネットを構築する

図 6-6　インスタンスを作成する

図 6-7　インスタンスの作成先となる VPC と IP アドレスの設定

●インスタンスの作成先の VPC と IP アドレス

　大きく異なるのは、「インスタンスの作成先の VPC」と「IP アドレス」です（図 6-7）。

136

①ネットワークとサブネット

ネットワークでは、CHAPTER2 で作成した「VPC 領域」を選択します。そしてサブネットには、いま作成した「プライベートサブネット」を設定します。

② IP アドレス

作成するインスタンスは、インターネットから直接、接続させないので、［自動割り当てパブリック IP］は、「無効化」または「サブネット設定を使用（無効）」を選んでください。

プライベート IP アドレスは、［ネットワークインタフェース］の部分で設定します。今回は、このインスタンスに、「10.0.2.10」という IP アドレスを割り当てます（もし設定を省略したときは、自動的に空いている IP アドレスが割り当てられます）。

> **Memo** 「10.0.2.10」は、便宜的に用いている値です。プライベートサブネットである「10.0.2.0/24」に属するなら、「10.0.2.1」や「10.0.2.2」など、どのような IP アドレスでもかまいませんが、本書では、「10.0.2.10」で進めます。

●サーバー名を付ける

このサーバーは、CHAPTER8 で MariaDB をインストールして、データベースサーバーとして用います。そこで、「DB サーバー」という名前を付けることにします（図 6-8）。

図 6-8 サーバー名を付ける

CHAPTER6 プライベートサブネットを構築する

●セキュリティグループを設定する

　セキュリティグループは、インスタンスに対するファイアウォールの設定です。ここでは新規に「DB-SG」という名前のセキュリティグループを作ります。

　デフォルトのセキュリティグループの設定では、SSHプロトコルだけを通します。今回は、CHAPTER8でインストールする予定のMariaDBの通信も許したいので、MariaDBの通

図6-9　セキュリティグループを設定する

6-3 プライベートサブネットにサーバーを構築する

図 6-10 構築したインスタンスの状態を確認する

信ポートである「3306」を通す設定を追加してください（図6-9）。

［ソース］には、どこからでも接続できるという意味の「任意の場所」を指定します。このほか、「Web サーバーの IP アドレスだけ」、もしくは、「パブリックサブネットの CIDR」を指定して接続元を限定すれば、さらにセキュリティを高めることもできます（本書では、次の章で NAT を構築し、そこからアクセスする例を示すため、Web サーバーの IP アドレスだけに制限せず、「任意の場所」の設定にしておいてください）。

> **Memo** AWS のセキュリティグループでは、IP アドレスや CIDR 指定のほか、セキュリティグループも送信元として指定できます。たとえば、本書では、パブリックサブネットに「WEB-SG」というセキュリティグループを設定してあるので（「3-1　仮想サーバーを構築する」を参照）、MySQL に対するファイアウォール設定のソースには、この WEB-SG を設定することもできます。ソースにセキュリティグループを指定する手法は、AWS を用いた設計で、よく使われます。

以上で主要な設定は終わりです。

インスタンスを起動して状態を確認すると、①パブリック DNS 名やパブリック IP アドレスを持たないこと、②10.0.2.10 のプライベート IP アドレスおよびそれに対応するプライベート DNS 名をもっていること、が確認できます（図6-10）。

このインスタンスには、CHAPTER8 でデータベースをインストールする予定なので、以下、「DB サーバー」と呼びます。

139

CHAPTER6 プライベートサブネットを構築する

■ping コマンドで疎通確認できるようにする

では、この DB サーバーが、Web サーバーからアクセスできるかどうかを確認してみましょう。

サーバー間での疎通を確認するときに、よく用いるのが「ping コマンド」です。

ping コマンドでは、「ICMP（Internet Control Message Protocol）」というプロトコルを用います。

ping コマンドを実行すると、ネットワーク疎通を確認したいホストに対して「ICMP エコー要求（Echo Request）」というパケットを送信します。それを受け取ったホストは、送信元に対して「ICMP エコー応答（Echo Reply）」というパケットを返信します。

ping コマンドでは、この「ICMP エコー要求」と「ICMP エコー応答」のやりとりから、疎通を確認したり、相手に届くまでの時間を計測したりします。

●ICMP が通るように構成する

AWS のデフォルトのセキュリティグループの構成では、ICMP プロトコルは許可されていません。

そこで、いま作成した DB サーバーに対して、ICMP プロトコルが通るようにファイアウォールの構成を変更しましょう。

図 6-11　インバウンド設定の編集画面を開く

140

【手順】DB サーバーに対して ICMP プロトコルが通るように構成する

[1] インバウンドの設定を始める

［セキュリティグループ］メニューを開きます。セキュリティグループ一覧が表示されるので、「DB-SG セキュリティグループ」をクリックして選択してください。

［インバウンド］タブを開き、[編集]ボタンをクリックして、インバウンドのファイアウォールのセキュリティ設定を編集します（図 6-11）。

> **Memo** ファイアウォールには、インスタンスの外側から内側に流れる際に適用する「インバウンド」と、内側から外側に流れる「アウトバウンド」の 2 種類の設定があります。デフォルトでは、アウトバウンドには何ら通信制限がされていないため、何か通信を許可したいときには、インバウンドのほうだけを調整すれば十分です。

[2] ICMP ルールを追加する

編集画面が表示されるので、[ルールの追加] ボタンをクリックしてルールを追加します。

そして［すべての ICMP-IPv4］を選択し、送信元には［任意の場所］を指定します。最後に、［保存］ボタンをクリックして保存してください（図 6-12）。

図 6-12　ICMP ルールを追加する

CHAPTER6 プライベートサブネットを構築する

図 6-13 Web サーバーのパブリック DNS 名を確認する

●疎通を確認する

　ICMP プロトコルを通るように構成したので、ping コマンドを使って、疎通確認できます。
実際に、Web サーバーから DB サーバーへの疎通確認をしてみましょう。
　まずは、Web サーバーのパブリック DNS 名（もしくはパブリック IP アドレス）を確認
しましょう。以下の説明では、図 6-13 に示すように、「ec2-18-177-32-60.ap-northeast-1.
compute.amazonaws.com」というパブリック DNS 名であると仮定します。
　パブリック DNS 名を確認したら、そのパブリック DNS 名に対して、SSH でログインし
ましょう。Windows の場合は、Tera Term を使って図 6-14 のように接続します。
　Mac の場合は、ターミナルから次のように入力して接続してください（図 6-15）。なお、
ここで指定している「my-key.pem」は、インスタンスの公開鍵です（詳細は、「3-2　SSH
で接続する」を参照）。

```
$ ssh -i my-key.pem ec2-user@ec2-18-177-32-60.ap-northeast-1.compute.amazonaws.com
```

　接続したら、次のように DB サーバーの IP アドレスである「10.0.2.10」に対して、ping
を実行してみましょう。

【Web サーバー上で実行】
```
$ ping 10.0.2.10
```

図6-14　Tera Term を使って接続する

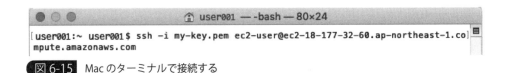

図6-15　Mac のターミナルで接続する

　うまく疎通できていれば、次の返答が戻ってきます。これで疎通できたことがわかります。結果では、「ms（ミリ秒。1000分の1秒）」の単位で、パケットの到達にかかる時間もわかります。

```
PING 10.0.2.10 (10.0.2.10) 56(84) bytes of data.
64 bytes from 10.0.2.10: icmp_seq=1 ttl=255 time=0.326 ms
64 bytes from 10.0.2.10: icmp_seq=2 ttl=255 time=0.447 ms
64 bytes from 10.0.2.10: icmp_seq=3 ttl=255 time=0.447 ms
64 bytes from 10.0.2.10: icmp_seq=4 ttl=255 time=0.458 ms
64 bytes from 10.0.2.10: icmp_seq=5 ttl=255 time=0.409 ms
64 bytes from 10.0.2.10: icmp_seq=6 ttl=255 time=0.396 ms
```

　なお、この出力は、いつまで経っても止まらないので、止めたいときは、［Ctrl］+［C］

キーを押してください。止めると、最小、平均、最大の到達時間が表示されます。

```
--- 10.0.2.10 ping statistics ---
31 packets transmitted, 31 received, 0% packet loss, time 29998ms
rtt min/avg/max/mdev = 0.326/0.451/1.168/0.138 ms
```

●ローカル環境からWebサーバーに疎通できるようにする

さらに、pingコマンドを使って疎通確認を続けましょう。

ここでは、ローカル環境（手元のWindowsやMacなど）から、このWebサーバーに対して、pingコマンドを実行してみましょう。

Windowsの場合は「コマンドプロンプト」から、Macの場合は「ターミナル」からpingコマンドを、それぞれ実行してください。

【ローカル環境で実行】

```
> ping ec2-18-177-32-60.ap-northeast-1.compute.amazonaws.com
```

実際にやってみるとわかりますが、タイムアウトしてしまい、疎通を確認できません（図6-16）。

これは、Webサーバーと接続不能なわけではなく、Webサーバーに適用されているセキュリティグループにおいて、ICMPを許可していないからです。

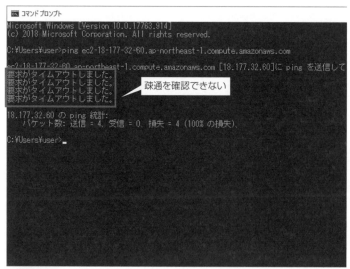

図6-16 Webサーバーに対して、ローカル環境からpingコマンドを実行した結果

> **Memo** 一般に ping コマンドが応答を返さないときは、「そのサーバーが停止している」と判断しますが、この例のように、ファイアウォールで ICMP プロトコルが阻まれているだけということもあります。ping コマンドが応答を返さなくても、前章までで確認してきた通り、Web サーバーは起動しており、Web ブラウザで接続できます。つまり、「ping 応答の有無」と「サーバーと特定のポートで通信できるか」は、無関係です。一般には、ツールなどによってサーバーの自動死活確認をしたいので、ICMP プロトコルを許す構成が一般的です。しかし ICMP プロトコルを拒否しても、サーバーの動作に支障を与えることはありません。ICMP を使うとサーバーまでの疎通確認などが容易になりますが、運用上不要であれば拒否してもよいでしょう。

DB-SG セキュリティグループに対して設定したのと同じ方法で、Web サーバーに適用している「WEB-SG セキュリティグループ」に対しても、ICMP を許可する設定を加えましょう（図6-17）。

もう一度、ping コマンドを実行すると、今度は、疎通を確認できます。

【ローカル環境で実行】
```
> ping ec2-18-177-32-60.ap-northeast-1.compute.amazonaws.com
ec2-18-177-32-60.ap-northeast-1.compute.amazonaws.com
```

図6-17 WEB-SG セキュリティグループに対して、ICMP を許可する

CHAPTER6 プライベートサブネットを構築する

```
[18.177.32.60]に ping を送信しています 32 バイトのデータ:
18.177.32.60 からの応答: バイト数 =32 時間 =44ms TTL=235
18.177.32.60 からの応答: バイト数 =32 時間 =153ms TTL=235
18.177.32.60 からの応答: バイト数 =32 時間 =52ms TTL=235
18.177.32.60 からの応答: バイト数 =32 時間 =61ms TTL=235

18.177.32.60 の ping 統計:
    パケット数: 送信 = 4、受信 = 4、損失 = 0 (0% の損失)、
ラウンド トリップの概算時間 (ミリ秒):
    最小 = 44ms,最大 = 153ms、平均 = 77ms
```

ちなみに、ローカル環境からは、DB サーバーへの疎通を確認することはできません。これは、DB サーバーが設置されているプライベートサブネットはインターネットゲートウエイへのルーティングを設定しておらず、インターネットから隔離されているからです（そして、そもそもパブリック IP アドレスを持っていません）。

6-4 踏み台サーバーを経由して SSH で接続する

さて、本章で作成した DB サーバーは、DB サーバーという名称を付けてはいるものの、まだ DB サーバーソフトをインストールしていません。ここから SSH でログインして、MariaDB というデータベースソフトをインストールしたいと思います。

ここで、ひとつ疑問があります。DB サーバーはインターネットと接続されていないのに、どうやって、そこに SSH で接続すればよいのでしょうか？

その解決方法のひとつが、「踏み台サーバー」です。

ここまで説明してきたように、Web サーバーには SSH で接続できます。そして、Web サーバーから DB サーバーには疎通確認がとれています。

そこで、① Web サーバーに SSH でアクセス、② Web サーバーから DB サーバーに SSH でアクセス、というように、Web サーバーを踏み台とすれば、ローカル環境から DB サーバーへとアクセスできます（**図 6-18**）。

■秘密鍵をアップロードする

インスタンスに SSH でアクセスするには、「秘密鍵」が必要です。つまり、図 6-18 のように Web サーバーから DB サーバーへと SSH で接続する場合、秘密鍵を Web サーバーに置いておく必要があります。

サーバーにファイルを転送するには、「SCP（Secure Copy）」というプロトコルを使います。

146

6-4 踏み台サーバーを経由してSSHで接続する

図 6-18　Webサーバーを踏み台として使い、DBサーバーにアクセスする

●Windowsの Tera Termの場合

Tera Termでは、［ファイル］メニューから［SSH SCP］をクリックすると、ファイルを転送できます。

ここでは、秘密鍵ファイルを、ec2-user ユーザーのホームディレクトリ（「~/」で示されるディレクトリ）に転送します（図6-19）。

> **Memo** ここでは話を簡単にするため、ファイルの転送に Tera Term に付属の機能を使いますが、「WinSCP (http://winscp.net/)」や「FileZilla (https://filezilla-project.org/)」などのソフトを使えば、ドラッグ＆ドロップ操作でファイル転送できます。

●Macの場合

Macの場合は、ターミナルから scp コマンドを使ってファイルを転送してください。

カレントディレクトリに置かれた my-key.pem ファイルを、自分のホームディレクトリ（「~/」）にコピーするには、次のようにします。

【ローカルの Mac 上で実行】

```
$ scp -i my-key.pem my-key.pem ec2-user@ec2-18-177-32-60.ap-northeast-1.compute.amazonaws.com:~/
```

図6-19 鍵ファイルをWebサーバーにコピーする

■Web サーバーから SSH で接続する

　以上で準備が整いました。まずは、先の図6-14や図6-15に示した方法で、Webサーバーにログインしてください。

●鍵ファイルのパーミッションを変更する

　Webサーバーにログインしたら、まず、秘密鍵ファイルのパーミッションを、「自分しか読めない」ように変更してください。そのためには、次のコマンドを入力します。

【Webサーバー上で実行】
```
$ chmod 400 my-key.pem
```

> **Memo** この操作は、秘密鍵が見られると、誰もがサーバーにアクセスできてしまうので、それを防ぎ、安全性を高めるのが狙いです。しかし、仮に、安全性を気にしなくても、この操作を省略できません。「自分だけが読み取れる」というパーミッションになっていないと、次に説明するsshコマンドを使って接続するときに、エラーが表示されて接続できないからです。

●Web サーバーを踏み台にして DB サーバーに SSH 接続する

　Webサーバーにログインしたら、次のように、DBサーバーに割り当てたプライベートIPアドレスである10.0.2.10に対してログインしてください。

【Webサーバー上で実行】
```
$ ssh -i my-key.pem ec2-user@10.0.2.10
```

　うまくDBサーバーにログインできたはずです。DBサーバー上での操作が終わったら、「exit」と入力します。するとログアウトし、Webサーバー上での操作に戻れます（**図6-20**）。プライベートサブネットに置かれたサーバーにアクセスするときに、このように、インターネットから接続可能なサーバーにログインしてから、それを踏み台にしてログインすることが一般的です。

6-5 まとめ

　この章では、インターネットから直接アクセスさせないプライベートサブネットの扱い方を説明しました。

CHAPTER6　プライベートサブネットを構築する

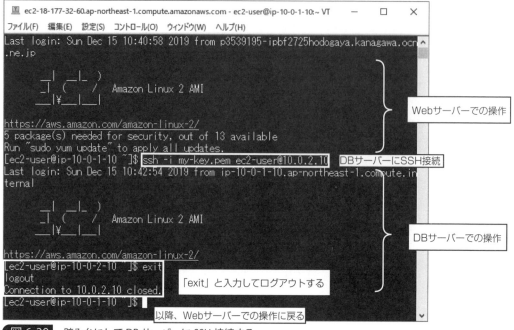

図 6-20　踏み台にして DB サーバーに SSH 接続する

　プライベートサブネットは、プライベート IP アドレスだけで構成したサブネットで、インターネットとの接続点を持ちません。DB サーバーなど、インターネットから隠したいサーバー群を配置するときに用います。

　プライベートサブネットに設置したサーバーは、ローカル環境（手元の Windows や Mac の環境）からアクセスできないので、プライベートサブネットと通信可能な何らかのサーバーを踏み台にして、SSH でログインします。

　この踏み台の方法を使えば、確かに、ローカル環境からサーバーへはアクセスできます。

　一方で、プライベートサブネット内のサーバーからインターネットにアクセスすることは、依然としてできません。そのため、「必要なアプリケーションをダウンロードしてインストールする」「OS をアップデートする」といった操作ができません。

　この問題を解決するのが、「NAT」です。次章では、NAT を構築して、プライベートサブネット内のサーバーからインターネットに接続するための方法を説明します。

150

CHAPTER7　NAT を構築する

CHAPTER7
NAT を構築する

　プライベートサブネットに配置したサーバーは、インターネットから接続できないため、安全です。しかし、インターネットと一切通信できないと、サーバーのアップデートやソフトウエアのインストールの際に不便です。この問題を解決するのが NAT です。NAT は、「プライベートサブネット→インターネット」の向きの通信だけを許可します。

7-1　NAT の用途と必要性

　ここまで、「パブリックサブネット」と「プライベートサブネット」を構築し、

・パブリックサブネット内に「Web サーバー」
・プライベートサブネット内に「DB サーバー」

を配置しました。

　これから、DB サーバーにデータベースソフトをインストールし、Web サーバーから利用できるようにします。

　本書では、データベースとして「MariaDB」を使います。そこで、yum コマンドを使って MariaDB をインストールするのですが、ここで、ひとつ問題があります。

　DB サーバーは、プライベートサブネットにあるため、インターネットに接続できません。つまり、yum などのコマンドを使って、ソフトウエアをダウンロードできないのです。

　もちろん、CHAPTER6 で説明したように、踏み台サーバーを経由して必要なソフトウエアをひとつずつ、scp コマンドなどでコピーすることもできます。しかしそれでは、手間がかかりすぎてしまいます。

■NAT の仕組み

　この問題を解決するソリューションのひとつが、「NAT（Network Address Translation）」です。

　NAT は、IP アドレスを変換する装置で、2 つのネットワークインタフェースを持ちます。

152

7-1 NATの用途と必要性

図 7-1 NATを使った通信の流れ

　片側のインタフェースには、一般に、「パブリック IP アドレス」を設定し、インターネットに接続可能な構成にしておきます。そして、もう片側のインタフェースには「プライベート IP アドレス」を設定し、プライベートサブネットに接続します。

　プライベートサブネットに存在するホスト（サーバーやクライアント）が、インターネットにパケットを送信しようとしたとき、NAT は、パケットの送信元 IP アドレスを自身のパブリック IP アドレスに置換します。こうすることで、送信元がプライベート IP アドレ

153

スではなく NAT が持つパブリック IP アドレスに変わるため、インターネットに出て行くことができます。

　パケットの送信元 IP アドレスが置換されているので、接続先からは NAT が接続してきているように見えます。そのため応答パケットは、この NAT に戻ってきます。NAT は、戻ってきた応答パケットの宛先を、元のホストの IP アドレスに置換してプライベートサブネットに転送します。

　このように NAT が IP アドレスを置換することによって、プライベートサブネットに存在するホストは、インターネットと通信できるようになります（図 7-1）。

　NAT を用いると、プライベートサブネットからインターネットに接続できますが、逆にインターネットからプライベートサブネットの方向に接続することはできません（図 7-2）。

　そのため、サブネットにパブリック IP アドレスを割り当ててインターネットとの通信を許すよりも、セキュリティを高められます。

図 7-2　NAT は片方向の通信だけを通す

7-1 NATの用途と必要性

Memo NATには、「IPアドレスだけを置換するもの」と「IPアドレスとポート番号の両方を置換するもの」の2種類があります。後者の構成の場合、1つのパブリックIPアドレスを複数のホストで共有できます。より正確に言うと、前者を「NAT」と呼び、後者は「NAPT (Network Address and Port Translation)」や「IPマスカレード」と呼んで区別することもあります。しかし近年では、どちらも「NAT」と呼ばれるため、本書ではこの区別をせずにどちらもNATと呼ぶことにします。

Column 家庭内でのインターネット接続

NATでは（より正確に言うと、「NAPT」や「IPマスカレード」では）、1つのパブリックIPアドレスさえあれば、それを各ホストで共有してインターネットに接続できます。

家庭でインターネットに接続するときには、「ルーター」と呼ばれる装置を使うことがほとんどです。実は、ルーターの内部ではNAT機能が動作しています。

通常、プロバイダから割り当てられるパブリックIPアドレスは1つだけです。家庭では、NATを使ってこの1つのパブリックIPアドレスを共有することで、複数台のホストがインターネットに接続できるようにしています。

もしNATがなければ、ただ1台のホストしかインターネットに接続できません（**図7-A**）。

図7-A 家庭でルーターを使ってインターネットに接続する例

155

このNATを構築する方法として、AWSではNATゲートウエイという機能が提供されており、非常に簡単にNATを利用することができるようになっています。本書ではこのNATゲートウエイを利用することにします。

■NATインスタンスとNATゲートウエイ

AWSでNATを構成する場合、次の2つの方法があります。

①NATインスタンス
NATソフトウエアがあらかじめインストールされたAMIから起動したEC2インスタンスを使う方法です。
EC2インスタンスを作成するときに、［コミニテュティAMI］で「ami-vpc-nat」を選択してインストールすると、NAT機能付きのEC2インスタンスを作れます（図7-3）。
NATインスタンスは、Amazon LinuxをベースとしたLinux OSなので、そのEC2インスタンスに、NAT以外のソフトウエアをインストールすることもできます。
NATインスタンスの性能は、EC2インスタンスのスペックによって決まります。また、通常のEC2インスタンスと同様に、利用していないときは停止することもできます。

②NATゲートウエイ
NATゲートウエイは、NAT専用に構成された仮想的なコンポーネントです。配置する

図7-3 「ami-vpc-nat」を選択するとNATインスタンスを作れる

サブネットを選ぶだけで構成できます。
　NATゲートウエイは、NATインスタンスと違って、負荷に応じてスケールアップします。料金は、時間当たりと転送バイト（ギガバイト当たり）の転送量で決められます。

図7-4 NATゲートウエイの構成

CHAPTER7　NAT を構築する

> **⚑Memo** NAT ゲートウエイは NAT インスタンスと違って、「停止」という操作はありません。利用
> しないときは、破棄するしかありません。破棄の方法については、7-3「コラム　NAT ゲー
> トウエイの削除」を参照してください）

　どちらを使ってもよいのですが、構築のしやすさから、本書では、②の NAT ゲートウ
エイを利用することにします。

■パブリックサブネットとプライベートサブネットを NAT ゲートウエイで接続する

　今回、プライベートサブネットに配置した DB サーバーを、NAT ゲートウエイを経由し
てインターネットに接続できるようにするには、**図 7-4** のように構成します。

①NAT ゲートウエイを配置する

　NAT ゲートウエイは、インターネットから接続可能な場所である「パブリックサブネッ
ト」に配置して起動します。

②デフォルトゲートウエイを設定する

　NAT ゲートウエイの準備ができたら、プライベートサブネットからインターネット宛の
パケットが、NAT ゲートウエイを経由するように、ルートテーブルを変更します。

7-2　NAT ゲートウエイを構築する

　それでは順に、これらの操作をしていきましょう。

■NAT ゲートウエイを起動する

　まずは、NAT ゲートウエイをサブネットに配置して起動しましょう。

【手順】　NAT ゲートウエイを起動する
[1]　NAT ゲートウエイの作成を始める

　AWS マネジメントコンソールの［VPC］メニューを開き、［NAT ゲートウエイ］を選
択します。［NAT ゲートウエイの作成］をクリックして、NAT ゲートウエイの作成を始
めます（**図 7-5**）。

158

7-2 NATゲートウエイを構築する

図 7-5　NAT ゲートウエイの作成を始める

図 7-6　サブネットを選択する

[2]　サブネットと Elastic IP を割り当てる

　NAT ゲートウエイには、サブネットと Elastic IP アドレスを割り当てます。Elastic IP アドレスとは、「静的な固定のパブリック IP アドレス」のことです（3-2 「コラム　パブリック IP アドレスを固定化する」を参照）。

　まず［サブネット］の部分で、「パブリックサブネット」を選択します（**図 7-6**）。

159

CHAPTER7　NATを構築する

　次に［新しい EIP の作成］ボタンをクリックして、新しい Elastic IP アドレスを取得します（**図 7-7**）。
　設定したら［NAT ゲートウエイの作成］をクリックします。これで NAT ゲートウエイが作成されます（**図 7-8**）。

図 7-7　Elastic IP を取得する

図 7-8　NAT ゲートウエイが作成された

7-2 NATゲートウエイを構築する

■ルートテーブルを更新する

以上で、NATゲートウエイが起動し、動作するようになりました。

次に、プライベートサブネットからインターネットに対して通信するとき、パケットがNATゲートウエイの方向に流れるように構成します。

図7-9　NATゲートウエイのインスタンスIDを確認する

図7-10　メインルートテーブルのデフォルトゲートウエイをNATゲートウエイに向ける

161

CHAPTER7　NAT を構築する

　これは、デフォルトゲートウエイ（宛先が未知の IP アドレスだった際にパケットを転送する「デフォルト」のゲートウエイ）を NAT ゲートウエイに向ける設定であり、「0.0.0.0/0」に対して、NAT ゲートウエイを選択するだけです。

【手順】　プライベートサブネットのデフォルトゲートウエイを NAT ゲートウエイに向ける
［1］　NAT ゲートウエイのインスタンス ID を確認する
　まずは、［VPC］メニューから［NAT ゲートウエイ］を選択し、NAT ゲートウエイに設定された NAT ゲートウエイ ID を確認しておきます（**図 7-9**）。

［2］　ルートテーブルを構成する
　VPC メニューから、［ルートテーブル］を選択します。
　ここまでの構成では、プライベートサブネットには、［メイン］が［はい］となっているメインルートテーブルが適用されています。ここでは、このメインルートテーブルのデフォルトゲートウエイを NAT ゲートウエイに変更します。
　そのためには、［ルート］タブで、［編集］ボタンをクリック、そして［別ルートの追加］から「0.0.0.0/0」に対して図 7-9 で調べた NAT ゲートウエイの ID を選択し、［保存］ボタンをクリックします（**図 7-10**）。

7-3　NAT ゲートウエイを通じた疎通確認をする

　以上で、NAT ゲートウエイの設定が終わりました。正常に NAT ゲートウエイが動作しているか確認してみましょう。
　今回の構成では、プライベートサブネットから HTTP および HTTPS の通信を許可しています。そこで DB サーバーにログインして、インターネットに対して HTTP や HTTPS で接続できるかどうかを調査すれば、NAT ゲートウエイが正常に動作しているかどうかを確認できます。

■curl コマンドで確認する

　そのためには、「5-3　Telnet を使って HTTP をしゃべってみる」で説明した「telnet で 80 番ポートに接続する」という方法がとれます。
　しかし Amazon Linux 2 には、デフォルトで telnet コマンドがインストールされていないため、代わりに、curl コマンドを使うことにします。curl は、「HTTP や FTP で、ファイルをダウンロードしたりアップロードしたりするコマンド」です。
　たとえば、下記のコマンドを実行すると、www.kantei.go.jp のトップページを取得して、

162

コマンドラインに表示できます。

```
$ curl www.kantei.go.jp
```

　実際に、「6-4 踏み台サーバーを経由して SSH で接続する」で説明したように、Web サーバーを踏み台にして DB サーバーにログインし、上記のコマンドを入力してみてください。次のように HTML が表示されるはずです。

【DB サーバー上で実行】

```
[ec2-user@ip-10-0-2-10 ~]$ curl www.kantei.go.jp
<!DOCTYPE html>
<html lang="ja">
<head>
<meta charset="utf-8">
<meta http-equiv="X-UA-Compatible" content="IE=edge">
<meta name="viewport" content="width=device-width, initial-scale=1">
<meta name="description" content="首相官邸のホームページです。内閣や総理大臣に関する情報を
ご覧になれます。">
<meta name="keywords" content="首相官邸, 政府, 内閣, 総理, 内閣官房">
<meta property="og:title" content="首相官邸ホームページ">
<meta property="og:type" content="website">
<meta property="og:url" content="https://www.kantei.go.jp/index.html">
<meta property="og:image" content="https://www.kantei.go.jp/jp/n5-common/img/
kantei_ogp.jpg">
<meta property="og:site_name" content="首相官邸ホームページ">
<meta property="og:description" content="首相官邸のホームページです。内閣や総理　大臣に
関する情報をご覧になれます。">
<meta name="twitter:card" content="summary_large_image">
<meta name="format-detection" content="telephone=no">
<title>首相官邸ホームページ</title>
<link rel="stylesheet" type="text/css" href="/jp/n5-common/css/aly.css">
<link rel="stylesheet" type="text/css" href="/jp/n5-common/css/common.css">
<link rel="stylesheet" type="text/css" href="/jp/n5-common/css/swiper.css">
…略…
```

　このように HTML を取得できていれば、NAT ゲートウエイが機能しており、HTTP で通信できていることがわかります。

CHAPTER7 NATを構築する

Column NATゲートウエイの削除

NATゲートウエイを使う必要がなくなったら、削除するとよいでしょう。

というのは、NATゲートウエイは稼働時間と転送バイト単位の両方で課金されるので、まったく通信していなくても稼働していれば料金がかかるからです。また、NATゲートウエイを削除しておけば、プライベートIPアドレスを持っているインスタンスがインターネットと勝手に通信することもないため、セキュリティも高められます。

図 7-B NATゲートウエイの削除

NATゲートウエイを削除するには、削除したいNATゲートウエイをクリックして選択しておき、[アクション]メニューから[NATゲートウエイの削除]をクリックします。すると、確認メッセージが表示されたのち、削除されます（**図 7-B**）。

もう一度、通信したくなったときには、NATゲートウエイを作り直してください。NATゲートウエイを作り直すとNATゲートウエイのIDが変わるので、ルートテーブルも編集し直す必要があります。

上記の方法でNATゲートウエイを削除すれば、NATゲートウエイの費用はかかりませんが、Elastic IPがどのインスタンスとも接続されていない状態になるため、今度は、Elastic IPの料金が発生します。完全に削除したいのであれば、Elastic IPも解放するとよいでしょう。ただしそうした場合、同じIPアドレスの取得はできなくなります。

7-4 まとめ

　この章では、NAT ゲートウエイを用いて、プライベートサブネットからインターネットに接続する方法を説明しました。

　NAT ゲートウエイを構成すれば、プライベートサブネットからでもインターネットに接続できるため、あたかもパブリック IP アドレスが割り当てられているような使い勝手になります。しかも、インターネットからプライベートサブネットには接続できないため、サーバーにパブリック IP アドレスを割り当てるよりも、ずっと安全です。

　さて、NAT ゲートウエイを構築したことで、プライベートサブネットに配置された DB サーバーで、yum コマンドを使ってソフトウエアをインストールできるようになりました。

　次の章では、実際に、yum コマンドを使って MariaDB をインストールします。

　そして、Web サーバーに WordPress をインストールし、「ブログサーバー」として運用できるようにするところまでを説明します。

165

CHAPTER8　DB を用いたブログシステムの構築

CHAPTER8
DB を用いたブログシステムの構築

　CHAPTER7 で NAT ゲートウエイを構築したので、プライベートサブネットに配置された DB サーバーに、各種ソフトウエアをインストールできるようになりました。この章では、MariaDB をインストールしてデータベースを構成したり、Web サーバーにWordPress をインストールしたりして、ブログシステムを構築していきます。

8-1　この章の内容

　この章では、Web サーバーに WordPress をインストールして、ブログシステムを構築します。
　ブログのデータは、DB サーバー上の MariaDB に保存します（**図 8-1**）。
　この章では、次の順でブログシステムを構築していきます。

① DB サーバーの構成
　DB サーバーに MariaDB をインストールし、WordPress からデータを保存できるようにデータベースを作成します。

② Web サーバーに WordPress をインストールする
　Web サーバーに WordPress をインストールします。

③ WordPress の初期設定
　WordPress を初期設定し、①のデータベースを使うように構成します。

Memo　MySQL と MariaDB
　　WordPress で利用できるデータベースは、MySQL か MariaDB です。MariaDB は
MySQL の開発者が枝分かれして開発しはじめたオープンソースの互換データベースです。
どちらを利用してもよいのですが、Amazon Linux 2 には、MySQL ではなく MariaDB
がパッケージとして含まれているので、本書では、MariaDB を使います。

166

歴史的な理由から、MariaDBであっても、操作にはmysqlという名前のコマンドを使うなど、少し紛らわしいところがあります。あまり気にしないようにしましょう。

図8-1　ブログシステムの構成

CHAPTER8　DBを用いたブログシステムの構築

8-2 DB サーバーに MariaDB をインストールする

まずは、DB サーバーに MariaDB をインストールして、データベースサーバーとして使えるようにしましょう。

■MariaDB のインストール

MariaDB は、yum コマンドを使ってインストールします。Web サーバーを踏み台にして DB サーバーにログインした状態で、次のコマンドを入力してください。

【DB サーバー上で実行】
```
$ sudo yum -y install mariadb-server
```

NAT ゲートウエイを経由してダウンロードが始まり、MariaDB がインストールできるはずです。

■MariaDB の起動と初期設定

インストールしたら、MariaDB を起動しましょう。次のコマンドを入力してください。

【DB サーバー上で実行】
```
$ sudo systemctl start mariadb
```

次に、MariaDB の管理者パスワードを設定しましょう。

管理者は「root」というユーザーです。次のように mysqladmin コマンドを実行すると、管理者である root ユーザーのパスワードを変更できます。設定したパスワードは、以降、root ユーザーで操作する際に尋ねられるので、忘れないようにしてください。

> **Memo** 「MariaDB の root ユーザー」と「Linux システムの root ユーザー」は、異なるユーザーです。MariaDB は、Linux システムのユーザーアカウントではなく、独自のユーザーアカウントを用います。

【DB サーバー上で実行】
```
$ mysqladmin -u root password
New password: 設定したいパスワードを入力
Confirm new password: 同じものを入力
```

168

8-2 DB サーバーに MariaDB をインストールする

■WordPress 用のデータベースを作成する

WordPress で利用するデータベースを作成します。次のように mysql コマンドを実行し、root ユーザーで MariaDB に接続します。このとき、先に設定したパスワードが求められます。

【DB サーバー上で実行】
```
$ mysql -u root -p
Enter password: パスワードを入力
```

すると、ウェルカムメッセージが表示されたあと、

```
MariaDB[none]>
```

のように MariaDB のコマンドプロンプトが表示されます。

ここで SQL を実行することで、データベースの各種操作ができます。

まずは、データベースを作成するため、次のように入力します。ここでは、データベース名を「wordpress」としました。

```
MariaDB[none]> CREATE DATABASE wordpress DEFAULT CHARACTER SET utf8 COLLATE
utf8_general_ci;
```

続いて、ユーザーを作成します。

ここでは「wordpress」というユーザーを作成します。パスワードは「wordpresspasswd」とします。

wordpress ユーザーには、いま作成した wordpress データベースに対して、すべてのアクセス権を与えます。

```
MariaDB[none]> grant all on wordpress.* to wordpress@"%" identified by
'wordpresspasswd';
```

Memo 「wordpress@"%"」の部分が、作成するユーザー名に相当します。「@」は「接続元のホスト」を示し、「%」はすべてのホストを示します。つまり「wordpress@"%"」は、「どこからでも接続できる wordpress というユーザー」のことです。

上記の権限を反映させるため、flush privileges を実行します。

```
MariaDB[none]> flush privileges;
```

169

CHAPTER8　DBを用いたブログシステムの構築

以上でデータベースの作成は完了です。

作成したwordpressユーザーが、本当に登録されているかどうかを確認するため、次のSELECT文を実行してください。

```
MariaDB[none]> select user, host from mysql.user;
```

結果は、次のようになるはずです。

```
+------------+----------------------------------------+
| user       | host                                   |
+------------+----------------------------------------+
| wordpress  | %                                      |
| root       | 127.0.0.1                              |
| root       | ::1                                    |
|            | ip-10-0-2-10.ap-northeast-1.compute.internal |
| root       | ip-10-0-2-10.ap-northeast-1.compute.internal |
|            | localhost                              |
| root       | localhost                              |
+------------+----------------------------------------+
7 rows in set (0.00 sec)
```

wordpressユーザーが「%」として登録されているため、wordpressユーザーはすべてのホストから接続できるはずです。

以上で、すべての設定が終わりました。exitと入力して、MariaDBコマンドを終了してください。

```
MariaDB[none]> exit;
```

■自動起動するように構成する

最後に、このDBサーバーが起動したときに、MariaDBを自動的に起動するように構成しておきましょう。そのためには、次のコマンドを実行します。

【DBサーバー上で実行】
```
$ sudo systemctl enable mariadb
```

8-3 Web サーバーに WordPress をインストールする

以上で、DB サーバーの設定は完了です。次に、Web サーバーに WordPress をインストールしていきます。

■PHP の最新版をインストールする

WordPress の最新版は、PHP バージョン 5.6.20 以降でしか動きません。そこで、次のようにしてアップデートしておきます。

```
$ sudo amazon-linux-extras install php7.3
```

■PHP や MariaDB のライブラリのインストール

WordPress を使うには、PHP およびいくつかの PHP のライブラリが必要です。

そこでまず、次のようにして、WordPress の実行に必要なライブラリをインストールしておきます。

【Web サーバー上で実行】
```
$ sudo yum -y install php php-mbstring
```

次に、Web サーバーから DB サーバー上の MariaDB への疎通確認もしておきましょう。まずは、次のようにして、MariaDB コマンドをインストールします。

【Web サーバー上で実行】
```
$ sudo yum install mariadb-server
```

mysql コマンドが使えるようになったら、次のコマンドを入力してください。

【Web サーバー上で実行】
```
$ mysql -h 10.0.2.10 -u wordpress -p
```

指定している「10.0.2.10」は、DB サーバーの IP アドレスです。「-u wordpress」は、wordpress ユーザーで接続するという意味です。そして「-p」は、パスワードを必要とするという意味です。

接続するとパスワードが求められます。これは grant コマンドで指定したものであり、

171

CHAPTER8 DBを用いたブログシステムの構築

本書の例では、「wordpresspasswd」です。

接続できて、MariaDBのプロンプトが表示されたら、「exit」と入力して終了してください。

```
MariaDB[none]> exit
```

■WordPress のダウンロード

実行環境が整ったところで、WordPressをインストールしていきます。

WordPressは、yumコマンドではインストールできません。提供元のサイトからソースファイルをダウンロードする必要があります。

最新版はWordPress日本語版のページ（https://ja.wordpress.org/）にあり「https://ja.wordpress.org/latest-ja.tar.gz」というURLからダウンロードできます。

次のようにwgetコマンドを入力して、ホームディレクトリ（/home/ec2-user）にダウンロードしてください。

【Webサーバー上で実行】
```
$ cd ~
$ wget https://ja.wordpress.org/latest-ja.tar.gz
```

■展開とインストール

ダウンロードしたら、展開します。

【Webサーバー上で実行】
```
$ tar xzvf latest-ja.tar.gz
```

展開するとwordpressディレクトリができるので、そのディレクトリに移動します。

【Webサーバー上で実行】
```
$ cd wordpress
```

このディレクトリの中身が、WordPressのプログラム一式となります。Webサーバーソフトである Apache から見える場所に配置しましょう。

デフォルトの構成では、/var/www/htmlディレクトリです。そこに、コピーしましょう。

【Webサーバー上で実行】
```
$ sudo cp -r * /var/www/html/
```

172

コピーしたら、それらのファイルの所有者／グループを、apache／apache に変更します。

【Web サーバー上で実行】
```
$ sudo chown apache:apache /var/www/html -R
```

8-4　WordPress を設定する

以上で、WordPress のインストールが終わりました。各種設定をしていきましょう。

■**Apache の起動**

まずは、Apache を起動してください。次のようにします。

【Web サーバー上で実行】
```
$ sudo systemctl start httpd
```

> **Memo** すでに起動しているときには、「sudo systemctl restart httpd」として再起動してください。起動し直さないと、インストールした PHP が有効になりません。

図 8-2　パブリック DNS 名を調べる

■WordPressを初期設定する

これでWebサーバーにアクセスしたときに、WordPressの初期設定画面が表示されるはずです。

まずは、AWSマネジメントコンソールのEC2タブから［インスタンス］を開き、Webサーバーに割り当てられているパブリックDNS名（もしくはパブリックIPアドレス）を調べましょう（図8-2）。

次に、Webブラウザを使って、このパブリックDNS名（もしくはパブリックIPアドレス）に接続します（図8-3）。すると、WordPressの設定画面が表示されるはずです。

初期設定画面では、次の手順で設定します。

【手順】WordPressを初期設定する
［1］設定を始める

説明文が表示されます。［さあ、始めましょう！］をクリックしてください（図8-4）。

図8-3 パブリックDNS名にアクセスする

図8-4 WordPressの設定を始める

8-4　WordPressを設定する

図8-5　データベースを設定する

図8-6　インストールを実行する

図8-7　サイトのタイトルや管理者情報を入力する

175

［2］データベースを設定する

データベースの設定画面が表示されます。DB サーバーに作成した「wordpress データベース」の情報を入力してください（図 8-5）。

ここまでの手順通りに進めてきた場合、入力する内容は、次の通りです。

・データベース名 wordpress
・ユーザー名　　　wordpress
・パスワード　　　wordpresspasswd
・データベースのホスト名　10.0.2.10
・テーブル接頭辞 wp_ （デフォルトのまま）

［3］インストールを実行する

［インストール実行］ボタンをクリックします（図 8-6）。

［4］サイトのタイトルや管理者情報を入力する

最後に、サイトのタイトルや管理者のユーザー名、パスワードなどを入力します。

管理者のユーザー名は、ここでは「admin」とします。パスワードはランダムなものが設定されますが、変更することもできます（図 8-7）。

以上で初期設定が完了し、WordPress の管理ページが表示されます。

初期設定が済んだら、もう一度、Web サーバーにアクセスしてみましょう。今度は、図 8-8 に示すブログ画面が表示されるはずです。

WordPress の管理ページは、「/wp-admin/」です。この管理ページに、先ほど作成した

図 8-8　インストールが完了した WordPress によるブログ表示

図 8-9　WordPress の管理ページ

admin アカウントでログインすれば、ブログ記事の投稿や各種管理ができます（図 8-9）。

8-5　まとめ

　以上で、WordPress を用いたブログシステムの構築は完了です。

　本書で構成したブログシステムを改めてまとめると、図 8-10 のようになります。最後なので、ここでは、ルートテーブルも併せて示しておきます。

　この構成でポイントとなるのは、インターネットに公開されているのは Web サーバーだけであるという点です。DB サーバーはプライベートサブネットに配置してあるので、インターネットから直接攻撃を受けません。

　また、DB サーバーは NAT ゲートウエイを経由してインターネットに接続できることから、ソフトウエアのインストールやアップデート作業で不便を強いることもありません。

　本書では、ここまで数多くのネットワークやサーバーを構築してきました。

・パブリックサブネットとプライベートサブネットの構築
・パブリックサブネットに Web サーバーを構築する
・プライベートサブネットに DB サーバーを構築する
・DB サーバーにソフトウエアをインストールしたりアップデートしたりできるようにするため、NAT ゲートウエイを構築する

　最後に集大成として、この章では WordPress と MariaDB をインストールしました。

　ここまでのシステム構築を通じて、ネットワークの構築の仕方、基本的なコンセプト、

CHAPTER8　DBを用いたブログシステムの構築

便利なツールの使い方など一通り学ぶことができたでしょうか？

図8-10　完成したブログシステム

CHAPTER9　TCP/IPによる通信の仕組みを理解する

CHAPTER9
TCP/IP による通信の仕組みを理解する

　これまで見てきた「DNSでの名前解決」や「HTTPを使った通信」などのデータのやりとりは、TCP/IPの上に成り立っています。TCP/IPは、ネットワーク状況に合わせて適切なデータ送信サイズを決めたり、エラーがあったときに再送したりするなど、より詳細な通信方法を定義しています。この章では、これまで実際に手で触れてきた通信について、その定義や仕組みを説明します。

9-1　TCP/IPとは

　ここまで、「構築したWebサーバーにローカル環境のWebブラウザから接続して、Webページを表示する」という一連の操作のなかで、「IPアドレス」「ポート番号」「DNS」「HTTP」について、次のことを説明しました。

【IPアドレス】
・IPアドレスは、ネットワーク上の通信先を一意に特定するもの。ICANNという団体によって管理されている
・IPアドレスには「パブリックIPアドレス」と「プライベートIPアドレス」がある。インターネットを通じて通信するには「パブリックIPアドレス」が必要。インターネットとは直接通信しない「プライベートなネットワーク」のなかでは、プライベートIPアドレスを自由に利用できる
・IPアドレスを使った通信は、ルーターがパケットをバケツリレーのように転送することで実現している。パケットを、次にどこに渡せばよいかというルーティング情報は、EGPやIGPを使って交換する

【ポート番号】
・ポート番号を使うことで、1つのIPアドレスで同時に複数のアプリケーションが通信できる
・「Web」や「DNS」、メール送受信向けの「SMTP」など、よく使われるサービスは利用

180

するポート番号が決まっており、それを「ウェルノウンポート」と呼ぶ
・Web サーバーは、ウェルノウンポートとしてポート 80 番を用いる

【DNS】
・IP アドレスは数字の羅列で覚えにくいため、一般にブラウザからのアクセスは、「ドメイン名」を使う
・ドメイン名を使って通信する際には、ドメイン名が、どのパブリック IP アドレスなのかを知る必要がある。「ドメイン名と IP アドレス」との相互変換をすることを「名前解決」という
・名前解決には、DNS サーバーを用いる

【HTTP】
・Web サーバーと Web ブラウザは、HTTP を用いてデータをやりとりする

■TCP/IP モデル
　これらの一連の処理は、「TCP/IP モデル」という通信モデルで構成されています。
　役割ごとに 4 つの階層に分けたモデルです（**表 9-1**）。各層には、その層の役割を果たす各プロトコルがあります。

Memo TCP/IP モデルは、ISO（国際標準化機構）が定めた 7 階層からなる「OSI（Open Systems Interconnection）参照モデル」を、TCP/IP 向けにアレンジしたモデルです。

層	役割	代表的なプロトコル
アプリケーション層	ソフトウエア同士が会話する	HTTP、SSH、DNS、SMTP
トランスポート層	データのやりとりの順番を制御したり、エラー訂正したりするなど、信頼性を高めたデータの転送を制御する	TCP、UDP
インターネット層	IP アドレスの割り当て、ルーティングをする	IP、ICMP、ARP
インタフェース層	ネットワーク上で接続されている機器同士で通信する	Ethernet、PPP

表 9-1 TCP/IP モデルの階層

　階層化されている理由は、各階層を独立させるためです。上位の階層は下位の階層が何でもよく、また下位の階層は上位の階層の内容は分からなくてもよい、という構造になっています。

CHAPTER9 TCP/IP による通信の仕組みを理解する

Memo これは下位の階層を交換可能ということを意味します。現在、インターネット接続には「Ethernet」(LAN) を用いるのが主流です。これはインタフェース層です。しかし 15 年ほど前は、電話回線でインターネットに接続するのが主流でした。電話回線では、Ethernet ではなく「PPP」というプロトコルを使います。これもインタフェース層です。インタフェース層よりも上の階層では、実際に通信しているのが「Ethernet」か「PPP」か、もしくはそれ以外なのかを気にすることなく通信できます。

■データのカプセル化

これらの階層を意識して、「構築した Web サーバーにローカル環境の Web ブラウザから接続して、Web ページを表示する」という操作のうち、「DNS が名前解決する」という処理に焦点を当てて、何が起きているのかをもう少し詳しく見てみましょう。

①名前解決リクエストの作成（アプリケーション層）

Web ブラウザは、アドレス欄に入力された URL（たとえば「http://www.example.co.jp/」）からドメイン名（www.example.co.jp）を抜き出し、名前解決をしようとします。

DNS サーバーに対して名前解決の処理を依頼するため、DNS プロトコルで定められたフォーマットに従い、名前解決のリクエストデータを作成します（図 9-1）。

```
┌─────────────────────┐
│                     │
│   名前解決リクエスト    │
│                     │
└─────────────────────┘
        └──┬──┘
          DNS
```

図 9-1 名前解決のリクエストデータ

② UDP でカプセル化（トランスポート層）

①のデータを送信するには、そのデータをトランスポート層に渡す必要があります。このとき、①のデータがトランスポート層のプロトコルで「カプセル化」されます。

カプセル化とは、郵便でいえば「封筒に入れる」というイメージの処理です。郵便の場合、手紙の内容は何であれ、封筒に入れて宛先を書けば郵便局に処理を頼めます。郵便局は、その封筒の内容を知る必要はありません。

カプセル化もこれと同様に、中身に手を加えずに、さらに下の階層で処理ができるようにデータを付与します。

トランスポート層のプロトコルは、「TCP（Transmission Control Protocol）」か「UDP（User

182

Datagram Protocol)」のいずれかです。DNSでは、一般に「UDP」を使う取り決めになっているため、UDPに引き渡します。

このとき、「送信元のポート番号」「宛先ポート番号」「データの長さ」「エラーがないかどうかを調べるチェックサム」などの情報が追加されます。DNSの場合、ウェルノウンポートは53番なので、宛先ポート番号は「53」が設定されます。これらを「UDPヘッダー」と呼びます（**図9-2**）。

Memo DNSは基本的にUDPで通信しますが、名前解決リクエストが512バイトを超えたときは、TCPで通信することがあります。

図9-2 UDPでカプセル化されたデータの中身

③ IPでカプセル化（インターネット層）

次に、②のデータをインターネット層に渡します。

インターネット層のプロトコルはIPです。IPでのカプセル化では、「送信元IPアドレス」「宛先IPアドレス」「データ長」「生存時間」などの情報が追加されます。これらを「IPヘッダー」と呼びます（**図9-3**）。

Memo「生存時間（TTL：Time To Live）」は、何回ルーターを通ったら破棄するかという値です。この値によって、パケットが行ったり来たりを無限に繰り返してしまう状態を防ぎます。

図9-3 IPでカプセル化されたデータの中身

④ Ethernet でカプセル化（インタフェース層）

③の段階で IP アドレスが付くので、実際に「LAN」や「電話回線」などの「配線上」に流すことができます。このとき、それぞれの「配線の規格」に準拠したヘッダーがいくつか付けられます。

たとえば LAN は、「Ethernet」という規格を使っています。Ethernet では、先頭と末尾にいくつかのデータが追加されます（**図 9-4**）。これを「Ethernet フレーム」と言います。

Ethernet フレームには、「送信元 MAC アドレス」や「宛先 MAC アドレス」などの情報が含まれます。

図 9-4　Ethernet フレームの構造

なお Ethernet フレームは、全体の長さ（各層のヘッダー込み）が最大 1518 バイト以内と定められています。

そのため、大きなデータを送信する場合はいくつかに分割されます。分割される場合、Ethernet フレーム内で連番管理され、順序が正しくなるよう、送受信の行程でうまく並び替えられます。

> **Memo** パケットにはヘッダーが付くため、パケットのサイズが小さく数が多いと、パケットの分だけヘッダーの数が増え、結果としてオーバーヘッドが大きくなります。そこで、Ethernet フレームの最大長を 1518 バイトではなく、8〜16K バイト程度にまで広げた規格もあります。それが「ジャンボフレーム対応」と呼ばれるものです（標準規格ではありません）。ジャンボフレーム対応の Ethernet カードやハブを使うと、パケット長が大きくなるのでやりとりするパケット数が減ります。こうしてオーバーヘッドが減り、高速にデータを送受信できるようになります。

■**Ethernet と TCP/IP の関係**

Ethernet で通信するパソコンやサーバー、各種ネットワーク機器などのホストには、唯一無二の「MAC アドレス」と呼ばれる番号が振られています。パソコンやネットワーク機器には、「05:0c:ce:d8:1b:a1」のような文字列シールが貼られていることがありますが、これが MAC アドレスです。

MACアドレスはメーカーの工場出荷時に、重複がないように定められます。

> **Memo** MACアドレスは、IPアドレスとは違ってユーザーが決めるものではなく、工場出荷時に定められるものです。しかし一部製品には、MACアドレスを変更できるものがあります。

●ARPでIPアドレスを解決する

Ethernetでは、MACアドレスを頼りにデータを送信します。つまり「05:0c:ce:d8:1b:a1宛に送信する」というように宛先を特定します。

Ethernetのデータ通信では、Ethernetフレームだけを見て、中身のIPまでは見ません（そもそもEthernetでは、Ethernetフレームさえ付いていればどのようなデータも送受信できるので、中身がIPとは限りません）。

そうすると、「どのMACアドレスをもつホストが、どのIPアドレスに対応しているのか」という対応表が必要となります。これを解決するのが、「ARP（Address Resolution Protocol）」というプロトコルです。

たとえば、「10.0.1.10」というIPアドレスにデータを送信したいとします。最初に送信するときは、このIPアドレスを持つホストがどのMACアドレスを持っているのかわかりません。

そこで、「10.0.1.10というIPアドレスを持っているホストは誰ですか？」と問い合わせます（ARP要求）。すると、そのIPアドレスを持っているホストは、「僕です。MACアドレスは05:0c:ce:d8:1b:a1です」という応答（ARP応答）を返します。

これによって「10.0.1.10と05:0c:ce:d8:1b:a1」とが結びつき、対応表を作れます。

以降の通信では、この対応表を使って、「もし、10.0.1.10が宛先なら、05:0c:ce:d8:1b:a1

図9-5 ARPはDNSサーバーまで届く？

に送信する」ようにします。

● ARP の範囲

ここで、ひとつ疑問が生じます。この ARP 要求は、どの範囲まで届くのでしょうか？

今回の例では、DNS サーバーにパケットを送信したいわけですが、クライアントが送信した ARP 要求は DNS サーバーまで届くのでしょうか（図 9-5）。

残念ながら、ARP 要求は DNS サーバーまでは届きません。なぜなら、ARP 要求はルーターを超えることができないからです。ARP 要求で調べられる MAC アドレスと IP アドレスの対応は、自分が所属しているサブネット内にとどまります。

ルーターを超える場所にデータを転送するときは、そのルーターまでまずは Ethernet で届けます。

受け取ったルーターは、そのパケットを IP の部分まで取り出します。そして、もう一方のインタフェースから再送出します。このとき、もう一方のインタフェースが Ethernet なら、ふたたび Ethernet ヘッダーを付けます。

こうして次のルーターもまた、IP の部分まで取り出して Ethernet ヘッダーを付け替え、もう片側のネットワークへと送出します。これを繰り返しながら、最終的に DNS サーバーに届きます（図 9-6）。

インターネットに向けて通信する場合、最寄りのルーターとは「デフォルトゲートウエイ」

図 9-6　ルーターでパケットが再構築される

9-1 TCP/IPとは

で指定されたものです（図9-7）。

Memo IPアドレスが自動設定になっているときは、デフォルトゲートウエイも自動設定されます。

　図9-6に示したように、クライアントが作ったEthernetフレームは、そのままDNSサーバーへ届くわけではありません。届くのは最寄りのルーターまでです。そこから先は、ルーターがEthernetヘッダーを付け替えて、DNSサーバーに向けて送信します。
　ヘッダーを付け替える理由は、サブネットごとに利用している物理的な配線が違うかも知れないからです。我々はEthernetを使っていますが、プロバイダーの内部では、Ethernet以外を使っている可能性もあります。もし同じEthernetだったとしても、フレームの最大長が異なる可能性があります。
　ルーターは、TCP/IPモデルの「インターネット層」のレベルで動作するネットワーク機器です。ですから、インターネット層の中身である「IPアドレス」を見て、データの送出先を決めます。

　ここまで、DNSの名前解決リクエストがDNSサーバーに送信するところまでを説明しました。
　このパケットがDNSサーバーに届くと、実際に名前解決をし、その結果をDNSプロトコルに従ってクライアントに返します。この流れは、いま見てきたものとちょうど逆の流

図9-7　デフォルトゲートウエイの設定

187

図 9-8　HTTP通信でやりとりするパケット

れになります。

　DNSのやりとりの結果、Webブラウザはドメイン名に対応するIPアドレスが分かります。

　すると今度は、そのIPアドレスに、HTTPで接続します。HTTPリクエストデータは、CHAPTER5で説明した通り、「GET」や「POST」から始まる文字列データです。このような文字列データを作り、今度はTCPに引き渡します。

　こうしてTCPのヘッダーが付き、さらにIPやEthernetのヘッダーが付いて、最終的に送出されます（図9-8）。

9-2　UDPとTCP

　TCP/IPで通信する場合、アプリケーションのデータを相手に届けるには、「UDP」と「TCP」の2通りの通信方法があります。

■UDPでのデータ通信

　UDPは、「ステートレスプロトコル」と呼ばれる、状態を持たないプロトコルです。

　UDPの構造は単純で、「送信元ポート番号」「宛先ポート番号」のほかには、「データの長さ」と「チェックサム」しかありません（図9-9）。

> **Memo** チェックサム（checksum）とはデータの総和を検算することで、データに誤りがないかを調べる仕組みです。

　パケットは、①データの長さが正しいか、②チェックサムによりデータが壊れていないかのチェックだけはされますが、それ以外のエラーチェックはありません。

　UDPは「送りっぱなしのプロトコル」です。相手の受け入れ体制が整っていない場合、再送されることなく、そのまま破棄されます。相手がパケットを受け取ったのかどうかを

UDP セグメント	UDPヘッダー (8バイト)	送信元ポート番号	送信先ポート番号
		UDPデータ長	UDPチェックサム
	アプリケーションが送信する任意データ(可変長)		

図 9-9　UDP のデータ構造

確認する手段もありません。さらには、パケットの到着順序も保証されず、あとから送ったパケットが先に届くこともあり得ます。

一方で、UDP はやりとりが単純な分だけ、高速に送れます。

DNS サーバーへのリクエストのように、データが 1 パケットに収まる場合や、送信したパケットが前後してもよい場合、相手から返答がないときには再度処理すればよい場合などでは、UDP が適しています。

■**TCP でのデータ通信**

しかしアプリケーションによっては、高い信頼性を必要とするものもあります。

たとえば Web ブラウザで入力したデータを HTTP 経由で Web サーバーに送り、データベースに格納するような場合です。

この処理の途中で、データの一部が欠けたり、送ったときとは違う順序でデータベースに保存されたりすると困ります（図 9-10）。

こういった状況に適するプロトコルが「TCP」です。TCP は Transmission Control Protocol の略で、まさに「転送コントロール」をするためのプロトコルです。TCP は UDP と違い、双方向の通信が可能です。

図 9-10　UDP ではデータの順序が保証されない

●3ウェイハンドシェークと確認しながらの送受信

　TCPでは、自分と通信相手との間に「コネクション」を確立します。コネクションというのは、仮想的な通信経路のことです。

　電話でいえば、「もしもし」「はい聞こえています」「OKですね」というやりとりをしている状態です。

　TCPでのこのやりとりは、「3ウェイハンドシェーク」と呼ばれています。TCPではまず、通信相手との「3ウェイハンドシェーク」で相手との疎通を確認し、その後にデータを送受信し始めます（図9-11）。

　図に示した「SYN」と「ACK」は、TCPの通信状態を示す「フラグ」です。次のフラグがあります。

・SYN　通信を開始したいことを示す
・ACK　受領の合図を示す
・URG　緊急データが入っていることを示す
・PSH　即時送信データがあることを示す
・RST　エラーなどで通信をリセットしたいことを示す
・FIN　通信を終了したいことを示す

図 9-11　TCPの3ウェイハンドシェーク

9-2 UDP と TCP

Column 相手からの着信を受け入れない設定

　ファイアウォールの設定で、「自分から通信を始める」のはよいけれど、「相手から自分側に接続されてくるのは拒否したい」という構成にしたい場合があります。

　そのときには、TCP/IP の 3 ウェイハンドシェークの仕組みを利用して、「SYN が付いたパケットは通さない」という設定をします。すると、通信の開始をするパケットを受け入れないことになり、結果として「相手から自分側に接続される」のを拒否できます。

図 9-12 TCP のデータ構造

●順序を直すためのシーケンス番号

　TCP 通信で肝となるのが、「ACK」の存在です。TCP のデータ構造は、**図 9-12** のようになっています。

　TCP では、パケットに「シーケンス番号」を付けてやりとりします（**図 9-13**）。シーケンス番号は、通し番号で、データの順序を示します。

　ACK を返すときには、「次に欲しいシーケンス番号」を「応答番号」として返します。もし、順序が正しくなかったり欠落したりした場合には、「再送して欲しいシーケンス番号」を返すことで、そこから再送してもらえます。

　送信側は、ACK と応答番号を確認することで、確実に相手に届いたかどうかを判断できます。

　データの再送は、TCP が自動的に行います。それよりも上位のプロトコルである HTTP などでは、再送が行われたかどうかを気にする必要はありません。

Memo 図 9-13 では、わかりやすくするため、シーケンス番号が 1 ずつ増えていますが、実際には、受信したバイト数だけ増えます。またシーケンス番号は 1 から始まりません。シーケンス番号がわかると、悪意ある第三者が ACK を横取りしてセッションハイジャックできる恐れがあるため、セッション番号の開始番号は、予測不能なランダムな番号が使われます。

CHAPTER9　TCP/IPによる通信の仕組みを理解する

図 9-13　シーケンス番号を使ったデータ順序の確認

9-3 まとめ

この章では、主に次の2つを説明しました。

① TCP/IP においてパケットが送受信される仕組み

TCP/IP モデルは「アプリケーション層」「トランスポート層」「インターネット層」「インタフェース層」の4層に分かれ、それぞれがヘッダーを付けて下の層へとデータを渡します。

Ethernet の場合は最終的に、MAC アドレスを宛先としてデータを送信します。MAC アドレスと IP アドレスとは、ARP で変換します。

ARP の到達範囲はルーターまでです。ルーターを超える場合、ルーターが Ethernet ヘッダーを付け替え、もう一方のネットワークへと転送します。

② UDP と TCP の違い

トランスポート層には、「UDP」と「TCP」があります。UDP は相手に届くことを保証しないプロトコル、TCP は確認しながら送信するプロトコルです。

TCP は通信を始める際に、「SYN」「SYN+ACK」「ACK」の一連のパケットをやりとりします。これを3ウェイハンドシェークと言います。

TCP で送受信するデータには、「シーケンス番号」という連番が付けられます。ACK は受領を示すフラグであり、「次に欲しいシーケンス番号」を「応答番号」として返します。

このように ACK のやりとりによって、相手が正しく受け取ったかどうかを確認しながらデータを送受信するのが TCP です。

いかがでしたでしょうか。情報量の多い章だったので、読み進めるのに苦労したかも知れません。

しかし、TCP/IP のカプセリングや TCP と UDP の定義は、今後ネットワークやインフラに携わっていくうえで必ず理解すべきコンセプトです。

また、インターネット上のサービスやアプリケーションはほぼすべて、この TCP/IP 上で動いているといっても過言ではありません。

是非、これまでの章と突き合わせながら理解を深めてください。

Appendix A パケットキャプチャで通信をのぞいてみる

Appendix A
パケットキャプチャで通信をのぞいてみる

CHAPTER9 では、TCP/IP について詳細に解説しましたが、やはり実際に手を動かしながら触ってみると理解が深まります。そこでこの Appendix では、パケットキャプチャソフトを用いて、実際にネットワークを流れるパケットを見てみる方法を解説します。

A-1 Wireshark でパケットキャプチャする

TCP/IP で流れているデータは、「パケットキャプチャ」と呼ばれるソフトを使って見ることができます。ここでは、「Wireshark（https://www.wireshark.org/）」という代表的なパケットキャプチャソフトを用いて、パケットを見てみましょう。

Wireshark は、Windows 版や Mac 版、各種 Linux 版があります。Wireshark のサイトからパッケージをダウンロードしてインストールすると、使えるようになります。

■パケットキャプチャを始める

Wireshark でパケットキャプチャを始めるには、［キャプチャ］メニューから［オプション］をクリックします。

すると、パソコンに接続されているネットワークカードの一覧が表示されるので、パケットキャプチャしたいインタフェースを選択して［開始］ボタンをクリックします。

ここではインターネットとの通信をパケットキャプチャしたいので、インターネットと接続されているネットワークカードを選択しましょう（**図 A-1**）。

すると、パケットキャプチャが始まります。

> **Memo** パケットキャプチャは、パソコンに大きな負担をかけます。テストが終わったら、［キャプチャ］メニューから［停止］を選択して停止してください。

194

A-2　UDPとTCPのパケットを見る

図 A-1　Wiresharkでパケットキャプチャを開始する

A-2　UDPとTCPのパケットを見る

それでは実際に、UDPとTCPのパケットを、それぞれ見てみましょう。

■UDPのデータを見る

デフォルトでは、すべてのパケットをキャプチャするので、ものすごい勢いで画面表示が流れていきます。そこで、必要なものだけに絞り込む必要があります。

［Fiter:］のところに条件式を入力すると、その条件のパケットだけに絞り込めます。ここではまず、DNSのパケットを見てみましょう。

DNSのパケットは、UDPのポート53番で通信しています。そこでFilter:の部分に「udp.port==53」と入力してください（「=」が2つあるので注意）。

すると、DNSに関するパケットだけが表示されるようになります。

この状態で、コマンドプロンプトを開き、たとえば、「aws.amazon.com」を名前解決するために、

```
> nslookup aws.amazon.com
```

と入力します。すると、Wiresharkで、いくつかのパケットを見つけられるはずです（**図A-2**）。

ダンプデータなのでわかりにくいのですが、問い合わせのパケットが送られ、その応答が戻ってきていることがわかるはずです。

Appendix A　パケットキャプチャで通信をのぞいてみる

図 A-2　DNS に関するパケットをキャプチャした結果

■HTTP のデータを見る

　同様にして、HTTP のデータも見てみましょう。ここでは、CHAPTER5 で作成した Web サーバーのインスタンスに Web ブラウザで接続し、そのときのパケットの状態を見てみます。

　HTTP はポート 80 番で通信しているので、「tcp.port==80」と入力すれば、HTTP のパケットだけを抽出できます。

　ところが HTTP は、多くのアプリケーションで使われているため、「tcp.port==80」の指定だけだと、現在実行している他のアプリケーションの通信も拾ってしまう恐れがあります。そのため、さらに、通信先の IP アドレスで制限をかけたほうが見やすい結果が得られます。

　まずは、AWS マネジメントツールで［EC2 タブ］を開いて、パブリック IP アドレスを確認してください。

　ここでは、図 A-3 のように「18.177.32.60」という IP アドレスが設定されているとします。

A-2　UDPとTCPのパケットを見る

図 A-3　EC2インスタンスのパブリックIPアドレスを確認する

図 A-4　HTTP関連のパケットをキャプチャした結果

197

Appendix A　パケットキャプチャで通信をのぞいてみる

　このとき、Wireshark の「Filter:」のところに、「tcp.port==80 and ip.dst_host==18.177.32.60」と入力してください。すると、その IP アドレス宛の HTTP 通信のみが表示されるようになります。

　この状態で Web ブラウザから、「http://18.177.32.60/」にアクセスしてみてください。図 A-4 のようにパケットが表示されるはずです。

　少しわかりにくいですが、クライアントからは、GET のリクエストが送信されていることがわかります。また、画面をスクロールしてよく見ると、3 ウェイハンドシェークのために、「SYN」「SYN+ACK」「ACK」がやりとりされているのも確認できます。

Appendix B
ネットワークの管理・運用と
トラブルシューティング

本編では、ネットワークを構築する方法や、その仕組みについて説明してきました。

この Appendix では視点を変えて、ネットワークの管理に対する考え方や方法、トラブルシューティング、運用の際に使う各種ツールを説明します。

B-1　なぜネットワークを管理するのか

ネットワークを管理する理由は、問題が起きた時の原因の発見や対処、その後の再発防止策をとるためです。

そのためには、「構成の把握」と「状態の監視」が必要です。

たとえば、新しくリソースの追加が必要になったとします。構成を把握していなければ、どこにどの程度のリソースを追加すればよいか判断できません。そして状態を監視していなければ、そもそもリソースの追加が必要になったということに気づくことすらできません。

ネットワークは、システムのなかでも基盤に近い部分です。その上に配置されるアプリケーションの要求によって、柔軟に変更や追加が可能であるべきです。

新しくビジネスを進めるときに、ネットワークがボトルネックとなって開発や改修が遅れてしまわないよう、しっかりと構成や状態を把握しておくことが肝要です。

B-2　ネットワーク構成を把握する

把握しておくべき要素は、たくさんありますが、代表的な項目として、以下のものが挙げられます。

・ネットワーク全体のトポロジ
・ネットワークに割り当てられている IP アドレスブロック

・ネットワーク内に存在するサブネットと、それぞれの IP アドレスブロック
・各サブネット内に存在するインスタンス
・インスタンスが持つプライベート IP アドレスとパブリック IP アドレス
・それぞれのインスタンスの役割と、動いているアプリケーションまたはプロセス
・ルートテーブルの設定
・セキュリティグループやネットワーク ACL の設定

Memo ACL とは、Access Control List の略で、通信に対するアクセス可否の設定のことです。

さらに、AWS ではない物理的な環境ならば、次の項目も把握する必要があるでしょう。

・ネットワークに配置されているスイッチやルーターなどのネットワーク機器
・自分たちで管理しているパブリック IP アドレスの一覧と利用状況

細かい話まで入れると、把握すべきものはまだまだたくさんあります。

しかし上記に挙げたものだけでも、正確に把握するのは非常に骨の折れる仕事です。

■ドキュメントと構成情報を一致させる工夫

これらの情報は、ドキュメント化して管理することになります。

たとえばネットワークトポロジなら、Visio や PowerPoint などの描画ツール、IP アドレスやアクセス制御の設定は Excel を使った管理が一般的な管理方法の一つと言えるでしょう。

実際に運用する場面では、各種サーバーやネットワーク機器にログインし、ドキュメントに記載している通りに設定していきます。

これは、初期の設定だけでなく、アップデートする際も同様です。アップデートする際にはまず、ドキュメントの記載を修正し、それに合うようにサーバーやネットワーク機器の設定を修正していきます。

ドキュメントを修正するという手間を省くと、ドキュメントと実際の設定とが乖離し、何が最新なのかわからなくなってしまいます。

ところが、一度ドキュメントに記載して、それを元にサーバーやネットワーク機器を設定するのは、二度手間です。そこで、この手順を自動化する手法があります。

たとえば、Chef（http://www.getchef.com/chef/）や Puppet（http://puppetlabs.com/）、Ansible（https://www.ansible.com/）に代表されるデプロイツールの利用です。これらのデプロイツールは、テキスト形式で記述した設定ファイルの通りに、サーバーの設定やソフトウエアのインストールをしてくれます。

Appendix B　ネットワークの管理・運用とトラブルシューティング

　　テキスト形式の設定ファイルは読みやすいため、そのままドキュメントとしても十分な
役割を持ちます（もし、さらに見やすくしたいなら、設定ファイルから、より見やすいド
キュメントに整形するスクリプトを書けばよいだけの話です）。

　　ただし、Chef や Puppet、Ansible が適用できるのは、多くの場合、サーバーの設定だ
けです。ネットワーク機器に関しては適用できません。なぜなら、ネットワーク機器をコ
ントロールする、統一された方法がないからです。

■AWS なら設定ファイルからネットワーク構成やサーバー構成を作れる

　　このような状況は、AWS を使うと少し改善されます。

　　AWS では、「サブネットの CIDR ブロック」「セキュリティグループ」「ネットワーク
ACL の設定」「ホスト（Amazon EC2 のインスタンス）の IP アドレス」などを、すべて
AWS マネジメントコンソールや API を使って、設定したり確認したりできるからです。

　　API を使ってネットワークの構築や設定ができるということは、Chef や Puppet、
Ansible などのデプロイツールで、サーバーの構成のみならずネットワークの構成も作れ
ることを意味します。一度設定ファイルを作っておけば、同じ構成のネットワークをいく
つも作るのは簡単です。

　　さらに、設定ファイルをバージョン管理しておけば、差分をとることで、「どの時点で、
どの変更をしたか」が、すぐにわかります。万一、設定に間違いがあった場合でも、元に
戻すのが容易です。

　　設定ファイルおよび API コールのスクリプトやアプリケーションは、自分で開発するこ
ともできますが、AWS CloudFormation（以下、CloudFormation）という AWS のサー
ビスを使うこともできます。

　　CloudFormation は、EC2 や VPC など AWS の各種リソースを JSON 形式のテンプレー
トとして定義し、それをもとにリソースをデプロイしてくれるサービスです。

　　たとえば、図 B-1 のテンプレートをデプロイすると、「10.0.0.0/16 という CIDR ブロック」
と「インターネットゲートウエイ」を持った VPC が構築され、その中に「10.0.1.0/24 のサ
ブネット」が作られます。そして、そのサブネットのデフォルトゲートウエイが、インター
ネットゲートウエイに設定されます。

図 B-1　CloudFormation によるテンプレートの例

```
{
  "AWSTemplateFormatVersion": "2010-09-09",

  "Description" : "Sample CloudFormation template for creating VPC",
```

B-2 ネットワーク構成を把握する

```
"Resources": {
  "VPC" : {
    "Type" : "AWS::EC2::VPC",
    "Properties" : {
      "CidrBlock" : "10.0.0.0/16"
    }
  },

  "InternetGateway" : {
    "Type" : "AWS::EC2::InternetGateway"
  },

  "AttachGateway" : {
    "Type" : "AWS::EC2::VPCGatewayAttachment",
    "Properties" : {
      "VpcId" : { "Ref" : "VPC" },
      "InternetGatewayId" : { "Ref" : "InternetGateway" }
    }
  },

  "PublicSubnet" : {
    "Type" : "AWS::EC2::Subnet",
    "Properties" : {
      "AvailabilityZone" : "ap-northeast-1a",
      "VpcId" : { "Ref" : "VPC" },
      "CidrBlock" : "10.0.1.0/24"
    }
  },

  "RouteTable" : {
    "Type" : "AWS::EC2::RouteTable",
    "Properties" : {
      "VpcId" : {"Ref" : "VPC"}
    }
  },

  "DefaultRoute" : {
    "Type" : "AWS::EC2::Route",
    "Properties" : {
      "RouteTableId" : { "Ref" : "RouteTable" },
      "DestinationCidrBlock" : "0.0.0.0/0",
      "GatewayId" : { "Ref" : "InternetGateway" }
    }
  },

  "SubnetRouteTableAssociation" : {
    "Type" : "AWS::EC2::SubnetRouteTableAssociation",
```

203

Appendix B　ネットワークの管理・運用とトラブルシューティング

```
    "Properties" : {
      "SubnetId" : { "Ref" : "PublicSubnet" },
      "RouteTableId" : { "Ref" : "RouteTable" }
    }
  }
 }
}
```

　CloudFormation は 1 つの例ですが、こういったデプロイのためのツールをうまく使うことによって、構成情報と構築の手順を誰でもわかるようにしておくことは、とても重要です。

　最新の情報を簡単に確認でき、誰でも同じものを簡単に作れるという環境を目指すことで、安定した運用が望めます。

B-3　ネットワークの状態を把握する

　ネットワークの状態を把握するには、ping、traceroute、nslookup などの各種コマンドを使います。

■ping を使った疎通確認

　ping コマンドは、疎通確認に使うコマンドです。本書でも何度か使ってきました。

　たとえば、手元の環境から AWS 上の Web サーバーに到達できるかを調べたり、Web サーバーと DB サーバーとの間で通信できるかどうかを調べたりするのに使います。

　「疎通」というと、ネットワークの到達性確認の色が強く感じられますが、サーバーの死活監視にもよく利用されます。

　ping コマンドの使い方は簡単で、次のように、「宛先ホスト名」もしくは「宛先 IP アドレス」を指定するだけです。

```
$ ping 「宛先ホスト名」もしくは「宛先IPアドレス」
```

　実際に試してみましょう。ここでは、インスタンスとして構成した Web サーバー（IP アドレス「10.0.1.10」）にログインした状態で、DB サーバー（IP アドレス「10.0.2.10」）に ping コマンドを送信してみます。

　ping コマンドは、ずっと実行されっぱなしなので、適当なところで［Ctrl］＋［C］キーを押して止めてください。

```
PING 10.0.2.10 (10.0.2.10) 56(84) bytes of data.
64 bytes from 10.0.2.10: icmp_seq=1 ttl=255 time=0.326 ms
64 bytes from 10.0.2.10: icmp_seq=2 ttl=255 time=0.447 ms
64 bytes from 10.0.2.10: icmp_seq=3 ttl=255 time=0.447 ms
64 bytes from 10.0.2.10: icmp_seq=4 ttl=255 time=0.458 ms
64 bytes from 10.0.2.10: icmp_seq=5 ttl=255 time=0.409 ms
64 bytes from 10.0.2.10: icmp_seq=6 ttl=255 time=0.396 ms
```

それぞれの from の行に記載されている「ms」は、実際にどれくらいの時間で応答が戻ってきたのかという時間（ミリ秒。1000 分の 1 秒）です。

ping コマンドでは、次のように、ホスト名を指定することもできます。

```
$ ping ip-10-0-2-10.ap-northeast-1.compute.internal
```

ping コマンドは、ICMP というプロトコルを使って通信しています。ICMP は、Internet Control Message Protocol の略で、メッセージの通知などに利用されるプロトコルです。

ICMP は、TCP/IP モデルのなかで、インターネット層に当たります（「9-1　TCP/IP とは」を参照）。TCP や UDP とは別物で、ポート番号という概念を持ちません。

セキュリティグループやファイアウォールでは、明示的に「ICMP を通す」という設定をしなければ、ICMP のパケットが通過できません。セキュリティグループの場合、Inbound の設定で、ICMP のパケットを受け取れるように設定します（図 B-2）。

図 B-2　Inbound を設定して ICMP を通すようにする

Appendix B　ネットワークの管理・運用とトラブルシューティング

■traceroute コマンドでの経路確認

　同じく ICMP を使ったコマンドとして、traceroute コマンドがあります。これは、宛先
へのネットワーク上の経路を確認するときに利用するコマンドです。

　早速、試してみましょう。Web サーバーのインスタンスにログインした状態で、www.
aws.com への経路を確認してみます。

```
[ec2-user@ip-10-0-1-10 ~]$ traceroute www.aws.com
traceroute to www.aws.com (13.249.171.53), 30 hops max, 60 byte packets
 1  ec2-54-150-128-43.ap-northeast-1.compute.amazonaws.com (54.150.128.43)  23.695
ms  ec2-175-41-192-214.ap-northeast-1.compute.amazonaws.com (175.41.192.214)
20.649 ms  20.638 ms
 2    100.66.8.100 (100.66.8.100)  19.818 ms 100.66.8.62 (100.66.8.62)    8.802 ms
100.65.24.224 (100.65.24.224)  133.394 ms
 3  100.66.11.224 (100.66.11.224)  16.825 ms 100.66.10.170 (100.66.10.170)   11.670 ms
100.66.11.0 (100.66.11.0)  12.043 ms
 4 —100.66.15.32 (100.66.15.32)    18.471 ms 100.66.14.12 (100.66.14.12)    21.139 ms
100.66.7.109 (100.66.7.109)  14.362 ms
 5    100.66.6.105 (100.66.6.105)    18.090 ms 100.66.6.163 (100.66.6.163)    14.658 ms
100.66.7.37 (100.66.7.37)  53.096 ms
…略…
28  * * *
29  * * *
30  * * *
```

　この結果を見るとわかるように、パケットは、「100.66.8.100」→「100.66.11.224」→
「100.66.15.32」という具合に、次々と転送されていることがわかります。

　traceroute コマンドは、たとえば、「ping コマンドによって疎通が確認できているが、
到達に想定よりも時間がかかっているとき」や「想定外の経路を通っていないかを確認す
るとき」などに使います。後者は特に、ルーティングを設定しているときに、正しく設定
されたかを確認するために不可欠です。

　なお、上記にも示しましたが、traceroute コマンドでは、一部の経路が「*」で表示さ
れることがあります。これは、ICMP を受け付けていないネットワークに入ったことを意
味します。

　多くの商用サイトでは、一部のネットワークで ICMP を受け付けないように構成してい
ます。これは、ICMP プロトコルを使った攻撃や、経路が見えてしまうことでサイトのネッ
トワーク構成やサーバー構成が丸見えになるのを防ぐため、というのが主な理由です。

　ですからほとんどの商用サイトでは、traceroute コマンドを実行すると一部が「*」で表
示されますが、これは正常です。

206

B-3 ネットワークの状態を把握する

■ポート番号を指定した TCP 到達性の確認

ping コマンドで確認できるのは、ICMP を使ったネットワーク到達性です。ときには、特定のポートへの到達性を確認したいことがあります。

たとえば、ネットワーク自体は ping コマンドによって到達性を確認できているけれど、さらに Web サーバーのミドルウエアが起動しているのか、もしくは、ファイアウォールやセキュリティグループで通信が妨げられていないかを確認したいときです。

このようなときには、telnet コマンドを使います。「5-1 HTTP とは」で説明したように、telnet コマンドでは、次の構文を使うことで、ポート番号を指定して通信できます。

```
$ telnet 「宛先ホスト名」または「宛先IPアドレス」 ポート番号
```

ポート番号を省略したときは、telnet コマンドのウェルノウンポートである 23 番が、デフォルトとして使われます。

実際に、あるポートに接続可能かどうかを調べてみましょう。

まずは aws.amazon.com に対して、ポート 80 番で接続してみます。aws.amazon.com は、「http://aws.amazon.com/」で接続可能です。ということは、HTTP のウェルノウンポートであるポート 80 番で接続できるはずです。

手持ちの Windows パソコンや Mac パソコンなどから、次のように telnet コマンドを実行すると、コマンドの待ち受けとなり、接続できることがわかります（適当に［Enter］キーを何度か押すと、コマンドプロンプトに戻ります）。

```
$ telnet aws.amazon.com 80
Trying 176.32.100.36...
Connected to aws.amazon.com.
Escape character is '^]'.
```

Memo ここで「Trying」の部分に表示される IP アドレスは、実行するたびに変わることがあります。aws.amazon.com は複数台の Web サーバーで構成されており、DNS 問い合わせの際には、それらの Web サーバーに割り当てられている IP アドレスのうち、適当なものが使われるからです。

次に、関係ないポート 81 番で接続してみましょう。今度は、接続できないことがわかります。

```
$ telnet aws.amazon.com 81
Trying 176.32.100.36...
telnet: connect to address 176.32.100.36: Connection timed out
```

これは、ポート 81 番の接続が許可されていない、もしくは、ポート 81 番で待ち受けて

207

Appendix B　ネットワークの管理・運用とトラブルシューティング

いるアプリケーションが起動していないかのどちらかです。

■nslookup コマンドや dig コマンドで名前解決を確認する

ping や traceroute と並んで、よく使われるコマンドとして、nslookup と dig があります。これらは DNS サーバーに対して、名前解決リクエストを送信するコマンドです。

nslookup コマンドについては、すでに「4-3　ドメイン名と名前解決」で説明しました。次の構文で実行します。

```
$ nslookup 「ホスト名」または「IPアドレス」
```

ここでは、aws.amazon.com を調べてみましょう。

```
$ nslookup aws.amazon.com
Server:          192.168.11.1
Address:         192.168.11.1#53

Non-authoritative answer:
Name:   aws.amazon.com
Address: 143.204.124.71
```

この結果から、「aws.amazon.com」の IP アドレスは「143.204.124.71」であることがわかります。「Non-authoritative answer」という表示は、「権威 DNS サーバー」ではなく「キャッシュ DNS サーバー」からの応答であることを示しています。

Memo 権威 DNS サーバーとは、そのネットワーク（ドメイン）の情報を保持している DNS サーバーです。

Memo aws.amazon.com は複数の IP アドレスを持っています。そのため本書では例示した以外の値が表示されたり、実行のたびに異なる値が表示されても正解です。

dig コマンドの使い方も同じです。ただし次の例に示すように、表示される情報の量がnslookup に比べて多く、より詳細な情報を調べられます。

```
$; <<>> DiG 9.10.6 <<>> aws.amazon.com
;; global options: +cmd
;; Got answer:
;; ->>HEADER<<- opcode: QUERY, status: NOERROR, id: 15609
;; flags: qr rd ra; QUERY: 1, ANSWER: 3, AUTHORITY: 0, ADDITIONAL: 1

;; OPT PSEUDOSECTION:
; EDNS: version: 0, flags:; udp: 512
```

208

```
;; QUESTION SECTION:
;aws.amazon.com.                        IN      A

;; ANSWER SECTION:
aws.amazon.com.         39      IN      CNAME   aws.amazon.com.cdn.amazon.
com.
aws.amazon.com.cdn.amazon.com. 31 IN    CNAME   dr49lng3n1n2s.cloudfront.net.
dr49lng3n1n2s.cloudfront.net. 36 IN     A       143.204.124.71

;; Query time: 21 msec
;; SERVER: 192.168.11.1#53(192.168.11.1)
;; WHEN: Thu Dec 19 00:49:56 JST 2019
;; MSG SIZE  rcvd: 134
```

　ここに示したように、ホストに設定されている IP アドレスだけでなく、権威 DNS サーバーやキャッシュサーバーの情報、クエリにかかった時間やタイムスタンプも併せて表示されます。

──

☑Memo dig コマンドは Windows にはありません。Mac や Amazon Linux 2 で試してください。

B-4　ケーススタディ：ウェブサイトに接続できないとき

　それでは、いままで紹介してきた管理に用いる各種コマンドを使って、ケーススタディを例に、トラブルシューティングをしてみましょう。

　みなさんは、「http://www.example.com/」という Web サイトを運営しているとします。

　この Web サイトが、あるとき突然、Web ブラウザから接続できなくなってしまいました。どこに問題があるのかを確認するため、ここまで説明してきたコマンド群を使って、トラブル原因を探します。

　流れは次のようになります。

【手順】ウェブサイトに接続できないときのトラブルシュート

[1]　クライアント側のネットワーク環境に問題ないことを確認する

　まずは、クライアント側のネットワーク環境に問題がないことを確認します。

　具体的には、「http://www.example.com/」以外なら、正しく接続できることを確認します。

[2]　ホスト名が解決できるかどうかを調査する

Appendix B　ネットワークの管理・運用とトラブルシューティング

　　nslookup コマンドや dig コマンドを使って、www.example.com というホスト名が解決できるかどうかを確認します。

　　もし解決できなければ、DNS の設定、もしくは DNS サービス自体に問題があります。

[3]　ping コマンドでネットワークの疎通を調査する

　　DNS に問題がないなら、ping コマンドを使ってネットワークの疎通を確認します。

　　ping コマンドが通らなかった場合、途中のネットワークに問題があるか、Web サーバーがダウンしていることが予想されます。

　　ただし、この診断は完璧ではないので注意してください。

　　何度も説明しているように、ping コマンドでは、ICMP を使います。そのため、ICMP が許可されていないときは、ping コマンドでは疎通できないように見えますが、実は、サーバーは正しく動作しているというケースもあります。つまり、ping コマンドでの疎通に失敗したとしても、次の［4］の手順は成功する可能性もあります。

[4]　telnet コマンドでポート 80 番に接続する

　　次に、telnet コマンドで HTTP のウェルノウンポート番号であるポート 80 番に接続してみます。

　　もし応答がなければ、「ポート 80 番がセキュリティの設定などによって閉じられている」もしくは「Apache などの HTTP サーバーのプロセスが起動していない」ということが考えられます。

　　上記のすべてを確認して、それでも Web サイトに接続できないときは、おそらくアプリケーション内部の問題だと考えられます。

　　なお、上記のケーススタディでは、traceroute コマンドは使いませんでした。

　　traceroute コマンドは、ルーティングの設定が期待通りかを確認するために使われることがほとんどです。そのため、Web サーバーのトラブルなどではあまり利用しません。

　　traceroute コマンドを使うのは、たとえば、「インターネットゲートウエイ宛に直接」でも「NAT 経由」でも通信できる VPC のサブネットがあり、そこに配置された特定のインスタンスだけは必ず NAT 経由で通信するようにしたい、といった場合です。

　　このケースでは、設定に誤りがあって、NAT 経由ではなくインターネットゲートウエイ宛にパケットが流れてしまったとしても、通信自体は成功してしまいます。このため ping コマンドによる疎通確認では、問題を発見できません。

　　一方で traceroute コマンドなら、経路を確認できるため、意図した方向にパケットが流れていることを確認できます。

210

B-5 ネットワークを運用するための便利なツール

　ここまで説明してきた ping、traceroute、telnet、nslookup、dig の各コマンドは、非常に基本的でシンプルなものです。

　ネットワークの状態を、手元でさっと確認するには十分ですが、定常的にネットワークの状態を把握するには、より便利なツールが欠かせません。

　ここでは、「Zabbix」「NewRelic」「CloudWatch」という 3 つのツールを紹介します。

　これらはいずれも、ネットワーク単体の監視ツールというよりは、ネットワークも含めた統合監視ツールです。どれが良い、どれが悪いというわけではないので、自分の用途にあったツールを選択してください。

■Zabbix

　Zabbix（https://www.zabbix.com/jp/）は、定期的な ping コマンドの実行やポートの監視などによってサーバーの死活を調査し、グラフで表示したり管理者に通知したりする機能をもつ、オープンソースのシステム監視ソフトです。日本でも、非常に多くの導入実績があり、書籍や Web サイトなどから、情報を入手しやすいのも特徴です。

　SNMP プロトコルを使って、ネットワーク機器も監視できます。またサーバーに関しては、エージェントをインストールすることで、利用しているネットワークの帯域や CPU 利用率、メモリ使用量など、さまざまな情報を取得できるようになります。

　これらは、一般的な監視ソフトウエアであれば、取得できるのが当然ですが、構築から設定までの設定が簡単であるのが、Zabbix の特徴です。

■New Relic

　New Relic（https://newrelic.co.jp/）は、比較的新しい、SaaS 型のモニタリングサービスです。サーバー監視に特化しており、エージェントを監視対象のサーバーにインストールすることで利用します。

　SaaS なので、サービスにサインアップしてエージェントをインストールするだけで、すぐに使い始められます。

　実際にやってみると、サインアップから監視を始めるまで、5 分もかからないと思います。

　コンソールが非常に美しく機能も洗練されていて、AWS ユーザーのなかにも愛用者が多いサービスです。

■CloudWatch

　CloudWatch は、AWS が提供するモニタリングサービスです。

Appendix B　ネットワークの管理・運用とトラブルシューティング

　一番の特徴は、AWS の各サービスの情報を得られることです。たとえば EC2 であれば、設定するだけで「CPU の利用率」「ディスクのリードライト」「ネットワークの利用率」「インスタンス自体のステータス（死活）」を取得でき、グラフ化したり、閾値を超えた際のアラートを発生したりできます。

　もちろん EC2 に限らず他のサービスに対しても、設定するだけで、CloudWatch の監視を開始できます。

B-6　まとめ

　この Appendix では、ネットワーク構成や情報の把握、管理方法や監視方法について説明しました。

　ネットワークはすべてのシステムの基盤となる部分です。しっかりと、できるだけ手間無く運用できるように心がけましょう。

著者プロフィール

大澤 文孝

テクニカルライター、プログラマー
情報処理技術者（「情報セキュリティスペシャリスト」「ネットワークスペシャリスト」）。雑誌や書籍などで開発者向けの記事を中心に執筆。主にサーバやネットワーク、Web プログラミング、セキュリティの記事を担当する。近年は、Web システムの設計・開発に従事。

主な著書として以下がある。
「ちゃんと使える力を身につける Java プログラミング入門」「ちゃんと使える力を身につける Web とプログラミングのきほんのきほん」（マイナビ）
「Amazon Web Services ネットワーク入門」（インプレス）
「Amazon Web Services 完全ソリューションガイド」「Amazon Web Services クラウドデザインパターン実装ガイド」（日経 BP）
「UI まで手の回らないプログラマのための Bootstrap 3 実用ガイド」「prototype.js と script.aculo.us によるリッチ Web アプリケーション開発」（翔泳社）
「TWE・Lite ではじめるセンサー電子工作」「TWE・Lite ではじめるカンタン電子工作」「Amazon Web Services ではじめる Web サーバ」「256 将軍と学ぶ Web サーバ」「プログラムを作るとは？」「インターネットにつなぐとは？」「Windows Server 2008 R2 入門」「基礎からの Windows Small Business Server 2008」「TCP/IP プロトコルの達人になる本」「クラスとオブジェクトでわかる Java」「IPv6 導入ガイド」（工学社）

玉川 憲

株式会社ソラコム 代表取締役社長

1976年大阪府生まれ。東京大学工学系大学院機械情報工学科修了。米国カーネギーメロン大学MBA(経営学修士)修了、同大学MSE(ソフトウェア工学修士)修了。日本IBM基礎研究所でウェアラブルの研究開発に従事。ソフトウェア事業部にてエバンジェリスト、マネージメントを経験。2010年に現アマゾンウェブサービスジャパンにエバンジェリストとして入社し、AWSクラウド事業立ち上げに従事。2015年に株式会社ソラコムを創業し、革新的なIoTプラットフォームSORACOMの開発に従事。

『Amazon Web Services クラウドデザインパターン 設計ガイド』『アジャイル開発の本質とスケールアップ』他、著作翻訳多数。Forbes Japan「JAPAN's CEO OF THE YEAR 2016 最もイノベーティブなスタートアップBEST3」受賞

片山 暁雄

株式会社ソラコム 執行役員 プリンシパルソフトウェアエンジニア

金融機関向けのウェルス・マネジメントシステムやポートフォリオ管理システムの設計構築を業務として行うかたわら、オープンソースのJavaフレームワークプロジェクトや、AWSの日本ユーザーグループ（JAWS-UG）の立ち上げに関わり、2011年にアマゾンデータサービスジャパンに入社。日本のエンタープライズでのクラウド普及をミッションとし、AWSソリューションアーキテクトとして、AWS利用のアーキテクチャ設計サポートや技術支援、また金融機関での利用促進のため、FISC安全対策基準への準拠対応や、金融機関へのクラウド導入支援などを行う。2015年、株式会社ソラコムに入社し、ソフトウェアエンジニアとしてソラコムの提供するIoTプラットフォームの設計と実装、またイベントやセミナーなどの講演を行っている。

主な著書として「AWSクラウドデザインパターン設計編/実装編」「SORACOM入門」「IoTエンジニア養成読本」などがある。

ID:@c9katayama # ヤマン

今井 雄太

株式会社ソラコム　ソリューションアーキテクト

1981年生まれ。数社にてネットワークエンジニア、広告配信システムとその分析システムの開発に従事した後、2012年よりアマゾンウェブサービスジャパンにてソリューションアーキテクト、2015年よりHortonworks,Inc.にてソリューションエンジニアとして活動。アドテク、デジタルマーケティングといった、大規模なトラフィックとデータを取り扱う業界におけるクラウドとビッグデータ活用を技術支援する。特に、Hadoop/Sparkでのビッグデータ分散処理において経験が深く、技術評論社「詳解Apache Spark」共著。2017年1月より現職。

さわって学ぶクラウドインフラ
Amazon Web Services
基礎からの
ネットワーク&サーバー構築
改訂3版

2014 年 7 月22日	第 1 版第 1 刷発行
2017 年 4 月17日	第 2 版第 1 刷発行
2020 年 2 月10日	第 3 版第 1 刷発行
2021 年 1 月28日	第 3 刷発行

著　　者	大澤 文孝、玉川 憲、片山 暁雄、今井 雄太
執筆協力	中山 由美
発 行 者	吉田 琢也
発行/発売	日経 BP ／日経 BP マーケティング
	〒 105-8308
	東京都港区虎ノ門 4-3-12

カバーデザイン	葉波 高人（ハナデザイン）
デザイン・制作	ハナデザイン
印刷・製本	図書印刷

ⓒ SORACOM,Inc.、Fumitaka Osawa　2020　Printed in Japan
ISBN978-4-296-10544-1

●本書の無断複写・複製（コピー等）は著作権法上の例外を除き、禁じられています。購入者以外の第三者による電子データ化及び電子書籍化は、私的使用を含め一切認められておりません。
本書籍に関するお問い合わせ、ご連絡は下記にて承ります。
https://nkbp.jp/booksQA